AF453993

LA

FABRICATION DE L'ALCOOL

DISTILLATION DES BETTERAVES

LA
FABRICATION DE L'ALCOOL

V

DISTILLATION DES BETTERAVES

PAR

J.-Paul ROUX

RÉDACTEUR EN CHEF DU JOURNAL *LA REVUE UNIVERSELLE DE LA DISTILLERIE*
MEMBRE DU COMITÉ D'ADMISSION ET DU JURY DES RÉCOMPENSES DE L'EXPOSITION UNIVERSELLE DE 1889
MEMBRE DU JURY DE L'EXPOSITION INTERNATIONALE DE 1881
DE L'EXPOSITION UNIVERSELLE DE BRUXELLES EN 1888
MEMBRE DES CONGRÈS INTERNATIONAUX POUR L'ÉTUDE DE L'ALCOOLISME, ETC., ETC.

Prix : 3 francs.

PARIS

G. MASSON, ÉDITEUR
LIBRAIRIE DE L'ACADÉMIE DE MÉDECINE
120, BOULEVARD SAINT-GERMAIN, 120

1889

PRÉFACE

La distillation de la betterave est une industrie essentiellement française ; c'est en France qu'elle est née d'abord, et ce sont des savants et des ingénieurs français qui en ont créé les méthodes. C'est la France d'ailleurs qui produit le plus d'alcool de betterave dans le monde entier.

Néanmoins, ainsi que cela arrive souvent, l'initiative française a trouvé des continuateurs à l'étranger, qui, eux aussi, ont travaillé au progrès de l'industrie.

C'est pourquoi nous avons trouvé juste de placer à côté des travaux des techniciens français les travaux des techniciens étrangers.

L'industrie est essentiellement internationale dans son développement, ce serait donc une faute que de ne pas mentionner, ou au moins indiquer, les travaux qui peuvent contribuer au progrès de la distillerie dans les autres pays.

Ainsi que nous l'avons déjà dit pour les précédents volumes, l'ouvrage que nous présentons au public n'a que de modestes prétentions ; nous voulons simplement rappeler les principes fondamentaux de la distillerie des betteraves, et indiquer quelques méthodes d'une application très simple et sanctionnées par la pratique.

Les distillateurs, aussi bien que les propriétaires fonciers qui voudraient installer des distilleries agricoles, trouveront ainsi des indications claires et pratiques, qui leur font le plus souvent défaut dans les ouvrages rédigés dans un but exclusivement scientifique

M. DÉSIRÉ SAVALLE

———

A 27 ans, M. Désiré Savalle se trouvait, par la mort de son père, fondateur de la maison, à la tête des affaires qu'il n'a cessé de développer par un travail des plus assidus, tant par le côté scientifique que par le côté industriel.

De l'étroite spécialité de la distillation des alcools il s'était fait un monde, et rien ne lui échappait, rien ne lui était indifférent de ce qui se rattachait à ses occupations favorites.

La distillation de la betterave, de la mélasse, des vins, des grains, des caroubes, des jus de canne, du méthylène, ont été tour à tour étudiées dans toutes leurs parties : saccharification, fermentation, distillation des moûts, rectification des alcools, etc.

La rectification des alcools était surtout la base des recherches de M. Désiré Savalle ; il avait successivement étudié toutes les faces du problème, et en serrait de plus en plus la solution.

En 1873, il publia son livre : *Progrès récents de la distillation*, qui fit connaître ses travaux ; en 1876, l'édition étant épuisée, un nouvel ouvrage parut sous le titre : *Appareils et procédés nouveaux de distillation*, et, en 1881, un autre volume, *les Distilleries*, mettait à jour tous les progrès accomplis par la maison Savalle dans les différentes branches de l'industrie des alcools.

Ce que M. Désiré Savalle exposait dans ses livres il le justifiait par les faits ; les nombreuses usines qu'il a construites en France et à l'étranger en font foi, ainsi que les récompenses et les distinctions obtenues aux expositions.

En 1867, à l'Exposition universelle de Paris, il obtient la médaille d'or ; l'année suivante, au Havre, le diplôme d'honneur ; en 1873, à l'Exposition universelle de Vienne (Autriche), la médaille de progrès ; et en 1878, à Paris, le grand prix. Nous passons, bien entendu, les concours et les expositions secondaires. En 1877, il faisait partie du jury d'admission et d'installation de l'Exposition universelle.

En 1878, M. Savalle fut nommé chevalier de la Légion d'honneur, juste récompense de travaux qui avaient contribué à agrandir le renom de l'industrie française.

Pour donner à ses recherches sur la rectification plus d'ampleur et de sûreté, M. Savalle a construit, près de Paris, un magnifique établissement pour la rectification des alcools, où sont appliqués tous les nouveaux procédés auxquels travaillait son esprit ingénieux et inventif.

Au lieu d'un petit laboratoire, chez lui, avenue du Bois-de-Boulogne, c'était un laboratoire sur une grande échelle qu'il avait construit à Puteaux.

M. Désiré Savalle est décédé le 10 octobre 1887, en son hôtel de l'avenue du Bois-de-Boulogne, à Paris.

Cette mort a eu un grand retentissement dans le monde de la distillerie, car le nom de M. Savalle est connu partout où on fabrique de l'alcool, c'est-à-dire dans le monde entier ; la description de ses appareils est pour ainsi dire classique, et se trouve dans tous les ouvrages de distillerie de tous les pays et dans toutes les langues.

C'est une perte considérable pour l'industrie et la science. M. Savalle est mort à 49 ans dans la plénitude de ses forces et de son activité infatigable. Son esprit, ouvert à tous les progrès, comprenait vivement toute l'importance d'une nouvelle découverte ou d'un perfectionnement.

Les funérailles eurent lieu le 13 octobre 1887, à l'église Saint-Honoré d'Eylau, place Victor-Hugo, trop petite pour la circonstance, au milieu d'un grand concours de monde, de notabilités de l'industrie, du commerce et de la science.

Père d'une nombreuse famille, M. Savalle a laissé un fils digne de lui succéder.

CHAPITRE PREMIER

LA DISTILLATION DE LA BETTERAVE

Une des industries agricoles les plus intéressantes est bien certainement la distillation de la betterave; la facilité de sa mise en action, et la fertilité prodigieuse de son exploitation en ont fait l'instrument le plus fécond du progrès de l'agriculture.

Par une bizarre anomalie dont il ne faut chercher la raison que dans des exigences fiscales, la France est à peu près le seul pays au monde où la distillation de la betterave soit exercée sur une grande échelle; la France est, en effet, le plus grand producteur d'alcool de betterave.

En Belgique, en Allemagne, en Angleterre, en Russie, le système de législation fiscale sur les distilleries s'oppose souvent à la distillation avantageuse des betteraves.

Dans ces pays, ce sont les pommes de terre et les grains qui sont surtout employées à la fabrication de l'alcool; l'impôt frappant la capacité de la cuve de fermentation en Belgique et en Allemagne favorise les matières premières riches en alcool sous un petit volume.

Malgré tous ses défauts, et ils sont nombreux, le système de législation fiscale appliqué en France aux distilleries offre cet avantage considérable de permettre aux distillateurs d'employer toutes les matières premières alcoolisables en ayant à compter seulement avec les avantages ou les désavantages industriels.

C'est pour cette raison que la France est le pays qui offre la production alcoolique la plus variée qu'il y ait au monde, elle utilise dans toutes ses régions les substances alcoolifères.

Le vin, dans le Midi, la betterave et la mélasse dans le Nord, la pomme de terre et les fruits dans l'Est, le topinambour dans le Centre, le cidre dans le Sud-Ouest, les marcs dans la Bourgogne, dans le Sud-Est les vins qui produisent l'excellent cognac, le grain un peu partout, chaque région tire profit des avantages que fournit l'industrie si fertile de la distillerie.

*
* *

Il y a trente-cinq ans que l'alcool de betteraves fut coté pour la première fois à la Bourse de Paris; à partir de cette époque, la distillation de la betterave s'étendit rapidement en France, et plus de 500 distilleries furent bientôt en exploitation.

De 500 hectolitres d'alcool de betterave en 1850, la production s'éleva de 1853 à 1857 à 300,000 hectolitres par an, et elle n'a pas cessé de s'élever en suivant la progression suivante :

1865-1869.	300.449	hectolitres.
1870-1875.	313.771	—
1876	243.337	—
1877	272.883	—
1878	331.716	—
1879	364.714	—
1880	429.878	—
1881	563.240	—
1882	556.056	—
1883	629.998	—
1884	569.257	—
1885	465.451	—
1886	525.317	—
1887	793.006	—
1888	533.416	—

La production de l'alcool en France étant d'environ 2 millions d'hectolitres, c'est donc à peu près le tiers que fournit la betterave.

Ce n'est qu'après de longs tâtonnements, que la distillerie de betterave, sûre de ses méthodes et de ses procédés, est parvenue à produire économiquement des produits qui sont recherchés.

CHAPITRE DEUXIÈME

SYSTÈMES DIVERS DE TRAVAIL DE LA BETTERAVE

Il n'y a pas de matière première qui ait été travaillée avec autant de méthodes différentes que la betterave. Les procédés sont donc très nombreux ; on a pour ainsi dire l'embarras du choix, et les préférences en faveur de tel ou tel système ne sont la plupart du temps déterminées que par des raisons tout à fait spéciales, et non par suite d'une supériorité reconnue : c'est pourquoi nous croyons qu'il est plus sage d'indiquer les systèmes généralement appliqués sans en recommander un ou plusieurs.

Ainsi, par exemple, on a employé :

Le râpage des betteraves avec délaiement et fermentation de la pulpe ;

La cuisson des betteraves par la vapeur, l'écrasement de la masse, délaiement et mise en fermentation ;

L'extraction du jus par lévigation et macération ;

Le découpage des betteraves en cossettes, extraction du jus par macération à l'eau ou à la vinasse ;

L'extraction du jus par pression ;

La cuisson des cossettes dans l'eau acidulée d'acide sulfurique ;

La fermentation des cossettes dans le jus fermentescible ;

La diffusion, etc., etc.

Parmi ces diverses méthodes nous parlerons de celles qui sont aujourd'hui le plus généralement employées.

---

§ I. — Macération.

Le nombre et les dimensions des macérateurs sont naturellement en rapport avec l'importance de l'usine. Toutefois, la hauteur de deux mètres ne doit guère être dépassée, afin d'éviter le tassement qui résulterait d'une trop grande superposition des couches de cossettes.

A cinq ou six centimètres du fond inférieur, est supporté un double fond mobile en bois ou tôle percé de trous comme une écumoire. C'est sur celui-ci que repose la charge des cossettes. La tuyauterie destinée à l'écoulement des jus prend naissance entre les deux fonds. Après le chargement, les cossettes sont recouverts par un second fond mobile, exactement semblable au précédent. Il a pour objet de répartir également les vinasses et d'éviter qu'elles ne produisent dans le macérateur un tassement inégal par leur arrivée en masse sur un seul point. La décharge des cossettes épuisées se fait par un trou d'homme établi dans la paroi.

Il n'est pas indifférent de compenser les dimensions des cuviers macérateurs par leur nombre. Avec de petits cuviers les charges sont fréquentes et les macérations de courte durée. On est conduit à suppléer au temps par une augmentation de la température ou du liquide macérateur.

Avec de grands cuviers, au contraire, en prolongeant la macération pendant dix à douze heures, et en abaissant la température de la vinasse à 70 ou 75 degrés, on peut obtenir une macération complète sans employer en liquide plus de 25 0/0 en excès du poids de la betterave. Une bonne proportion, pour le nombre ou la capacité des macérateurs, est d'avoir toujours en travail la moitié au moins de la quantité de betteraves que l'on doit traiter dans la journée de douze heures.

La mise en train de la macération s'opère en faisant arriver, sur le fond supérieur du macérateur, un jet d'eau bouillante; puis, dès que le travail est en roulement et qu'on a obtenu des vinasses, on supprime l'emploi de l'eau, on verse sur chaque cuvier nouvellement chargé le jus faible qu'on soutire, au moyen d'une pompe, du dernier cuvier épuisé, et on amène la vinasse sortant de la colonne distillatoire. Le liquide traverse lentement les couches de cossettes, agit sur elles par endosmose, en déplace le jus et se substitue à lui dans les cellules.

Par cette substitution, la betterave se trouve entièrement reconstituée avec tous ses éléments, moins le sucre.

Il n'en saurait être autrement, puisque le sucre est le seul élément éliminé par la distillation, qu'on n'écoule aucun liquide à l'extérieur, et que, sauf les pertes dues à l'évaporation, qui, comme on le sait, ne porte que sur les parties aqueuses, on rend aux pulpes tout le jus, par conséquent toutes les matières organiques et minérales, toute la valeur alimentaire. On obtient en pulpes, de 70 à 80 0/0 du poids de la betterave; la moyenne est au-dessus de 75.

Les macérateurs peuvent être indépendants l'un de l'autre s'ils ont une hauteur suffisante, 2 mètres au moins, autrement on doit les rendre solidaires. Dans le premier cas, la vinasse est répartie, autant que possible, sur tous les macérateurs en charge et le jus est envoyé aux cuves à fermentation. Dans le second cas, ils sont reliés entre eux par un système de tuyauterie, de telle sorte que le fond de chacun d'eux communique avec la partie supérieure des autres. Toute la vinasse est alors versée sur le même macérateur, le plus anciennement chargé; et le jus qu'elle déplace, au lieu d'être envoyé directement aux cuves, est dirigé sur un second, et même sur un troisième, et il n'arrive à la fermentation qu'après s'être enrichi par son passage successif à travers de nouvelles couches de betteraves. Ce dernier cas est celui des petits macérateurs, dont nous venons de voir les inconvénients.

Quand les cossettes ont été préparées ainsi qu'il a été dit précédemment, on les jette à la pelle dans le macérateur, en ayant le soin de les éparpiller tout autour des bords, en forme d'entonnoir et sans laisser de vide sous le couvercle.

Cette disposition a pour but d'empêcher que le tassement se prononce plus au centre qu'à la circonférence. En s'appuyant contre les parois du cuvier, les cossettes sont soutenues, les jus y trouvant dès lors un accès plus facile s'y précipiteraient en évitant le milieu du cuvier, la perméabilité serait moins grande.

Avec ce chargement, la betterave étant jetée par couches allant en pente de la circonférence au centre, le jus reçoit dans son cours une direction dans ce sens qui compense la différence du tassement de la masse.

L'épuisement s'opère alors régulièrement par couches horizontales ; à mesure qu'il se refroidit et qu'il s'enrichit, le jus le plus dense tend naturellement à descendre en laissant à la partie supérieure les liquides les moins sucrés et les plus chauds.

§ II. — **Diffusion**.

Le travail de la diffusion tend de plus en plus à s'introduire dans la distillerie après avoir été adopté pour la fabrication du sucre.

La diffusion est à proprement parler, une macération continue faite sous pression, le jus d'un macérateur passant à un autre macérateur.

L'installation d'une diffusion se compose donc d'une batterie de macérateurs, à fermeture autoclave, reliés entre eux par des tuyaux de manière que le liquide d'épuisement, eau ou vinasse en sortant du premier macérateur, traverse le second, puis le troisième etc., de sorte que le jus, avant de sortir, a traversé le dernier macérateur, chargé tout fraîchement de cossettes et dissous encore ainsi le maximum de sucre, chaque macérateur est successivement déchargé de cossettes épuisées et rempli de cossettes fraîches, quand il a été traversé par le liquide d'épuisement venu de plusieurs macérateurs suivant son tour.

Pour ce travail à la diffusion ou emploie comme pour la macération, soit de l'eau simplement, soit de la vinasse.

Nous croyons donc utile de donner ici des indications sur ce travail, et de reproduire les observations de MM. Gallois et Dupont dans leur Manuel-Agenda :

« Dans la diffusion de la betterave en vase clos, nous avons d'un côté le jus de betteraves avec son sucre et ses impuretés renfermées dans les innombrables et microscopiques cellules de la racine, de l'autre, nous avons l'eau baignant les cossettes. Les parois des cellules sacchariféres représentent la membrane végétale à travers laquelle doit se faire l'échange des deux liquides. Or la diffusion, l'*oxode du jus* de la cellule, dans le liquide baignant la cossette, est influencée par diverses causes qui sont notamment la température et la durée du contact.

Influence de la température.

» La température exerce une influence considérable sur l'intensité des attractions, c'est-à-dire sur la diffusibilité des corps. A une basse température, la diffusion se fait très lentement, tandis qu'elle est singulièrement activée par la chaleur. On conçoit donc que pour obtenir des jus denses avec un épuisement suffisant, il faudra recourir à l'emploi de la chaleur. Mais on se heurte dans la pratique à deux difficultés. Quand on chauffe trop on cuit la cossette qui se tasse dans les diffuseurs, ce qui est un obstacle à l'épuisement régulier ; de plus cette cossette cuite se presse très mal et devient d'un transport difficile et coûteux. En second lieu, le chauffage exagéré produit des jus impurs, tenant en dissolution certaines matières organiques de nature gommeuse, qu'une chaleur modérée n'aurait pas dissoutes ou plutôt aurait coagulées. Ces matières organiques rendent les cuites grasses, forment des sels de chaux, ces fléaux de la fabrication, et finalement provoquent l'altération des bas produits. Il s'agit donc d'atteindre la limite supérieure de température sans la dépasser. L'expérience a appris que la température maximum à laquelle on pouvait chauffer des jus, sans s'exposer aux inconvénients signalés ci-dessus, varie entre 75 et 90°, suivant la rapidité de la circulation des jus dans la batterie.

» Il est bien évident qu'une circulation rapide permet de chauffer plus fortement la cossette sans la cuire.

» Quand on se contente d'un chauffage modéré, la diffusion est moins énergique, elle languit, et l'épuisement ne peut avoir lieu que par un contact prolongé ou par l'emploi de beaucoup d'eau; dans ce dernier cas, on produit des jus à faible densité, et par conséquent en grande quantité.

» On doit donc ou marcher très lentement et alors on restreint son travail, ou chauffer le jus à 70, 80, 85 et 90°, à son passage au calorisateur. et dans le plus grand nombre possible de vases diffuseurs.

Durée du contact.

» La diffusion est d'autant plus profonde, l'épuisement est d'autant meilleur que la durée du contact entre les deux liquides est plus considérable. Avec un temps suffisamment long, la diffusion pourrait être pratiquée à froid, aussi complètement qu'à chaud, avec un temps moindre. Mais la marche lente et surtout la marche intermittente doit être évitée, parce qu'elle peut provoquer des altérations du jus. Au point de vue de l'altération du jus, la diffusion doit être rapide.

» Le séjour du jus dans les diffuseurs varie entre une heure et une heure et demie.

Nombre et capacité des diffuseurs.

» Quel est le nombre des vases que doit posséder une batterie de diffusion ?

» Évidemment, ce nombre dépend de la richesse de la batterie mise en œuvre. Il est en raison directe de la richesse de la betterave.

» Si l'on pratique la diffusion d'une betterave ayant 5° de densité et d'une autre betterave ayant 6° de densité, et cela dans des conditions identiques, c'est-à-dire à la même température, dans le même laps de temps et dans un même nombre de diffuseurs d'égale capacité, il est évident que la betterave la plus riche sera la moins épuisée, les matières diffusibles, le sucre et le sel étant plus abondants, n'auront pas eu le temps de passer entièrement dans le liquide extérieur. Si donc on veut obtenir de la betterave riche le même épuisement, il faut nécessairement avoir recours à une augmentation de température, ou à un contact plus prolongé ou à une extraction de jus à densité inférieure. Mais il est impossible d'augmenter la température, puisque nous la supposons atteindre le maximum permis; nous ne pouvons nous résoudre à extraire du jus à plus faible densité, parce que nous perdons une partie des avantages du procédé.

» Il ne nous reste donc qu'à augmenter la durée du contact. Cette augmentation peut être obtenue de trois manières :

(a) En faisant circuler le jus plus lentement dans la batterie, mais alors nous réduisons notre travail, ce qui est un grave inconvénient; de plus, un séjour trop prolongé des jus dans les diffuseurs peut entraîner leur fermentation.

(b et c) En augmentant la capacité ou le nombre des diffuseurs.

» Avec des diffuseurs plus grands, tout en faisant circuler le jus plus lentement, on produit le même travail, parce qu'on opère sur un poids de cossettes plus considérable, et que l'on extrait naturellement à chaque diffuseur un plus grand nombre d'hecto-litres de jus.

» Avec un plus grand nombre de diffuseurs, la durée du contact est augmentée sans que la circulation soit ralentie. »

§ III. — Nouveau système de diffusion.

L'extraction du jus dans les distilleries de betteraves.

Dans son ouvrage spécial sur la distillerie des betteraves M. H. Briem recommande pour l'extraction du jus la batterie du système Pokorny breveté pour les sucreries. Le but poursuivi par Pokorny était de construire un diffuseur qui réponde aux exigences les plus larges au point de vue de la concentration du jus, de la chaleur nécessaire et de l'utilisation de la matière première. Un diffuseur ordinaire est divisé en deux moitiés par une cloison verticale soit simple, soit double, et il est fermé par une porte placée au-dessus et une autre placée en dessous ou au côté.

La porte supérieure, lorsqu'elle est fermée, s'applique hermétiquement au moyen d'un caoutchouc sur la cloison; le tamis inférieur, lorsque le diffuseur est fermé, s'applique contre la cloison. Dans le haut du diffuseur se trouve le tuyau d'entrée du jus dans le premier compartiment et en face, dans le second compartiment, le tuyau de sortie du jus. Le jus entre par le premier tuyau à travers un tamis sur les cossettes de betteraves et, après avoir traversé toute la hauteur des cossettes, il passe à travers le tamis inférieur dans le deuxième compartiment pour sortir par le tuyau placé dans le haut, qui le conduit dans le diffuseur suivant.

Les deux compartiments sont remplis en même temps de cossettes de betteraves et vidés en même temps par l'ouverture de la porte inférieure ou latérale. Le jus descendant dans un compartiment et remontant dans l'autre fait un parcours double à travers les cossettes sans que sa circulation soit entravée ou ralentie car, d'une part, la surface du tamis n'est pas diminuée par la séparation du diffuseur en deux compartiments et, d'autre part, la pression entre les deux colonnes de jus est contre-balancée.

Si les diffuseurs sont construits en fer et divisés en deux par une cloison double et pourvus d'un manteau extérieur, le jus est chauffé par la vapeur de retour ou par de l'eau chaude circulant dans la double cloison et entre le diffuseur et le manteau.

Si la cloison est simple ou que les diffuseurs sont construits en bois, l'échauffement se fait par de l'eau chaude sous pression ou par de petits injecteurs.

Les avantages de ce système de diffusion sont évidents : D'une part, on obtient des jus correspondant à 88-94 0/0 de la concentration primitive du jus dans la betterave ; d'autre part, on peut épuiser complètement la matière première sucrée et on tire avec les jus concentrés le plus grand profit de la capacité des cuves de fermentation.

Par suite de la répartition avantageuse du jus et du long chemin qu'il doit parcourir dans la batterie, on peut travailler avec des températures très basses 40-45°, tandis qu'il faut une température de 65-75° pour obtenir une bonne extraction et du jus concentré avec des diffuseurs ordinaires non divisés pour autant que leur nombre n'est pas très grand. Les basses températures ont dans la distillerie de betteraves encore l'avantage qu'elles permettent d'obtenir de l'alcool brut libre de fusel et une fermentation rapide, uniforme et complète, attendu qu'une grande partie des substances servant de nourriture à la levure et de ferments actifs de la betterave ne sont pas détruites par une trop forte élévation de la température.

Les frais d'installation de ce système sont bien moins élevés que ceux d'autres systèmes compliqués et l'ouvrier ne rencontre pas de difficultés pour le desservir.

Pour les petites distilleries agricoles, on prend des diffuseurs de la capacité de 3 hectolitres et on les charge selon le travail de 32 à 45 kilog. de cossettes de betteraves par hectolitre. Pour les conduites, on prend des tuyaux à gaz ordinaires.

Les cossettes y sont amenées au moyen de wagonnets courant sur rails le long des diffuseurs au nombre de 7 ou 9.

Avec 7 diffuseurs on peut travailler 100 à 140 quintaux métriques de betteraves par jour. On fait bien d'utiliser la capacité économiquement pour qu'il reste assez de place dans le collecteur. D'abord une réserve de jus de 2 à 3 kilog. est toujours utile et ensuite, le jus est uniforme par rapport à la concentration et à la teneur en acide; cette dernière a une grande importance pour une fermentation saine et régulière.

Les cossettes lessivées sont déchargées dans un canal qui longe la batterie et aboutit à un réservoir ou l'eau s'écoule.

Cette batterie de diffusion du système Pokorny est propre aussi pour les grandes distilleries. Sa capacité est augmentée en conséquence.

De même qu'on doit éviter les températures trop élevées dans le diffuseur on doit veiller aussi que la température finale au moment où le jus entre dans le collecteur soit bien exacte, 20-22° R. = 25-28° C. Cette température est la plus favorable pour obtenir une fermentation rapide. Elle peut être contrôlée au moyen d'un thermomètre à graduation bien visible, placé dans le collecteur. Si le collecteur a une grande capacité, son contenu est remué de temps en temps avec des fourquets en bois. Il est placé en dehors du local de fermentation. La densité du jus doit être de 10 à 12 degrés saccharimétriques.

§ IV.— Les distilleries de betteraves annexées

aux sucreries.

Le système d'extraction des jus de betteraves par les presses continues a obtenu ses premiers succès dans les distilleries ; puis en raison des résultats considérables obtenus dans l'économie de main-d'œuvre et sur la dépense des sacs en laine, il s'est implanté petit à petit dans les sucreries. Mais à côté des avantages réalisés, se sont montrés les côtés faibles de cette nouvelle application.

Les presses continues fournissent, à la première pression, un jus riche et bien pur, mais comme cette première pression laisserait trop de sucre dans la pulpe, on mouille celle-ci, et on presse une seconde fois. Les jus de cette seconde pression sont faibles et entraînent avec eux de la pulpe folle et de la gomme qui viennent gêner la fabrication du sucre en augmentant la dépense du combustible et en forçant à déféquer plus énergiquement. — Ce jus de seconde pression, parfait en distillerie, est la plaie en fabrication de sucre.

Après s'être bien rendu compte de cette défectuosité du travail, des fabricants de sucre, observateurs et intelligents, ont décidé de parer à cet inconvénient en annexant à leur sucrerie une distillerie de betteraves, où sont envoyés et convertis en alcool les jus de seconde pression.

Ils arrivent ainsi à dépenser à la sucrerie moins de charbon et moins de noir et à obtenir un sucre plus beau.

Ils lavent mieux la betterave à la seconde pression et en tirent plus de produit, ce second produit en alcool.

Puis, quand, à la fin de la campagne, la betterave devient défectueuse pour la fabrication du sucre, ils envoient tous les jus à la distillerie et les convertissent en alcools de qualité supérieure qui se vendent avec prime sur le cours de la Bourse.

Dans les sucreries qui envoient leurs jus faibles à la distillation, la main-d'œuvre n'augmente pour ainsi dire pas, et la plus grande partie du combustible nécessaire à la distillation aurait été dépensée pour l'évaporation des jus, dont la densité est nécessairement moins élevée quand on emploie la double pression.

Sauf deux distillateurs et deux ouvriers chargés des cuves de fermentation, le personnel de l'usine reste le même, et pour peu que l'on produise une vingtaine d'hectolitres d'alcool par vingt-quatre heures, on se rend bon compte de la faible dépense de de main-d'œuvre qui aura été dépensée pour les obtenir.

Quant à la dépense du matériel, elle est relativement peu importante, puisque le fabricant de sucre possède déjà les générateurs, la machine à vapeur et les presses, et qu'il n'y a plus à installer que les cuves, les appareils de distillation (1), de rectification et les quelques bacs pour contenir les produits.

Les fabricants de sucre qui, les premiers, ont introduit cette amélioration notable dans leur fabrication sont les suivants :

NOMS DES FABRICANTS DE SUCRE DISTILLATEURS	DEMEURES	DÉPARTEMENTS	PRODUCTION JOURNALIÈRE EN ALCOOL	RENSEIGNEMENTS — HECTOLITRES DE JUS travaillés par 24 heures EN SUCRERIE
Alp. Bonzel..........	Haubourdin...	Nord....	3.000 litres.	1.200 hectolitres.
Ernest Cambier et Cⁱᵒ..	Pont-à-Vendin.	Pas-de-Calais	4.000 —	
Duriez et Droulers.....	Coppenaxfort..	Nord....	6.000 —	1.500 hectolitres.
Gruyelle..............	Orchies.......	—	3.000 —	1.200 —
Sénéchal et Hanon.....	Choques	Pas-de-Calais	6.500 —	3.000 —

(1) Les jus provenant des presses de seconde pression étant très faibles, il est utile d'employer, pour les distiller, la colonne disposée spécialement pour obtenir de forts degrés.

CHAPITRE TROISIÈME

FERMENTATION DES JUS

La fermentation des jus est de la plus haute importance dans la distillerie de betteraves; c'est seulement du jour où l'on a eu trouvé une bonne méthode de fermentation que la distillerie de betteraves a fait des progrès; cela nous engage à donner quelques développements à ce chapitre d'une si grande utilité pratique, en nous étendant sur le rôle de la vinasse et de l'acide sulfurique.

§ I. — La Vinasse, son importance, ses effets utiles.

Afin de pouvoir nous expliquer l'effet utile sous tous les rapports de l'emploi des vinasses dans la distillerie des betteraves, nous devons avant tout nous faire une idée exacte de ce que les vinasses renferment. Les vinasses étant les résidus d'un moût auquel l'alcool a été retiré par voie de distillation, il va de soi qu'elles doivent contenir toutes les substances qui entraient dans la composition primitive du moût, sauf le sucre qui a été transformé en alcool et en acide carbonique. On y retrouve donc les substances minérales, c'est-à-dire les cendres du jus de betteraves, et parmi elles les substances indispensables à la nutrition de la levure, savoir la potasse et l'acide sulfurique.

Nous y trouvons comme substances non azotées les acides organiques devenus libres (par l'action de l'acide sulfurique que nous avons ajouté au moût) et qui sont connus comme enrayant le développement des bactéries.

Nous trouvons dans les vinasses aussi la totalité des substances azotées de la betterave qui ont passé dans le jus et se sont modifiées en partie. Au surplus, une grande quantité de levure passe de la cuve de fermentation dans l'appareil de distillation où elle est triée et lessivée par le liquide bouillant ; elle vient encore en augmentation de la quantité des substances contenues dans les vinasses.

C'est Pasteur qui, dans ses recherches au sujet de la solution azotée la plus convenable comme nourriture pour la levure, est arrivé à la conclusion immuable qu'aucune solution nourricière et même la meilleure n'a une valeur aussi élevée qu'une décoction de levure. Les fabricants de levure pressée connaissent d'ailleurs la haute valeur des vinasses et ils se servent d'une addition de vinasses pour obtenir avec cette solution nourricière azotée un rendement plus élevé en levure saine.

Dans la distillerie de betteraves, l'emploi de vinasses chaudes au lessivage présente un avantage financier, en tant qu'on n'est pas obligé de chauffer à la vapeur les énormes quantités d'eau nécessaires à la diffusion ou à la dilution des jus. Un autre avantage consiste en la propriété des vinasses riches en substances de laisser la pulpe avec une composition plus riche en substances azotées que ce n'est le cas quand on se sert d'eau.

Afin que les vinasses puissent arriver par leur pesanteur dans la cuve collectrice, le cuiseur doit être placé assez haut ; autrement, on doit se servir de pompes. Le réservoir à vinasses, en bois ou en fer, doit être placé assez haut au-dessus des diffuseurs pour que la batterie ait la pression nécessaire, et à cette fin il doit communiquer avec la batterie de diffusion ou de macération par une conduite en communication avec chacun des diffuseurs.

En ce qui concerne la quantité à employer, nous avons acquis la conviction que dans la pratique il est souvent inadmissible que la diffusion se fasse trop longtemps avec des vinasses seules,

attendu que dans cette circulation contenue il pourrait se produire dans la fermentation des phénomènes d'autant plus désa-
gréables que nous nous efforçons d'obtenir une fermentation
rapide. On remédie facilement à cet inconvénient en introduisant
de temps en temps de l'eau par un tuyau spécial ; cela est nécessaire surtout lorsqu'on travaille de la mélasse avec les betteraves,
parce qu'autrement les vinasses deviennent trop riches en
matières minérales. L'admission des vinasses et de l'eau peut
être réglée par un robinet à triple voie ou par une valve ouverte
aux 2/3 du côté des vinasses et à 1/3 du côté de l'eau.

Les vinasses devant être employées aussi chaudes que possible,
il doit y avoir un serpentin à vapeur dans leur réservoir pour
pouvoir les chauffer au besoin jusqu'à ébullition.

§ II. — Rôle et mode d'emploi de l'acide sulfurique.

Le mouvement de la diffusion est très propice pour faire
l'addition indispensable d'acide sulfurique ; l'acide doit être fortement dilué, ce qui se fait dans une cuve en bois placée au-
dessus des diffuseurs, où l'acide est versé dans l'eau ; jamais l'eau
ne peut être versée dans l'acide, afin de prévenir les accidents. Le
siphon ainsi que les mesures pour l'acide sulfurique doivent être
en plomb. Si malgré toutes les précautions, il se produisait des
blessures, on fait bien de faire absorber l'acide par du papier ou
du tissu au lieu de se servir de suite de l'eau ; après avoir
ensuite lavé la plaie, on y applique un onguent composé de
1 partie d'huile de lin et 2 parties de lait de chaux ou de
1 partie de cire jaune et 3 parties d'huile de lin ; cet onguent
devrait toujours être préparé d'avance en cas d'accidents.

L'acide sulfurique dilué (à environ 8-10 0/0) est dirigé vers la
batterie par un tuyau en caoutchouc avec un arrosoir et assez
long pour arriver à tous les diffuseurs ; un robinet régulateur
règle l'écoulement.

Ce dernier peut donc être réglé de façon que l'arrosage dure
aussi longtemps que des cossettes sont amenées dans les diffu-

seurs. C'est un point essentiel, car on aurait tort de croire que l'acide sulfurique puisse être réparti uniformément encore plus tard. Dans beaucoup de fabriques les cossettes sont arrosées directement dans les machines à couper, ce qui est également recommandable. Il est utile aussi de diriger l'acide sulfurique dilué jusque dans la cave de fermentation, parce qu'il est parfois nécessaire de laver les cuves avec l'eau acidulée.

Il est certain que le liquide acidulé contribue à rendre la diffusion plus rapide, plus régulière et plus complète, bien que son effet ne soit pas encore complètement expliqué. Nous concluons qu'il doit en être ainsi d'après un phénomène qui se produit de temps en temps dans les sucreries au sujet duquel Stohmann s'exprime comme suit :

« Une autre calamité dans la diffusion est celle où, sans cause connue, les cossettes se gonflent et sont tellement serrées entre elles que le jus ne les traverse que très lentement.

Dans ce cas on fait avec succès une faible addition d'acide phosphorique ou chlorhydrique, savoir : 1 litre acide phosphorique de 30 0/0 sur 1,500 kilos de betteraves. Cette calamité est signalée également par Erk.

Dans une fabrique qui travaillait ordinairement 5,000 quintaux de betteraves en vingt-quatre heures, il était devenu impossible, malgré les conditions normales des préparations, de dépasser la quantité de 2,000 quintaux à cause du gonflement des cossettes.

Le phénomène a cessé de se produire lorsqu'on eut ajouté à 3,000 litres de jus 1 1/2 à 2 litres d'acide chlorydrique concentré, dilué dans un volume égal d'eau ; le rendement de la batterie est remonté à son ancien niveau. »

Cette dernière observation amène l'auteur (1) à réfuter l'opinion généralement répandue que l'addition d'acide sulfurique dans la distillerie aurait pour effet de transformer en sucre fermentescible le sucre non directement fermentescible qui se trouve dans les betteraves ; ainsi qu'il a été démontré antérieurement, ce travail incombe à la levure et à l'invertine.

---

(1) Brien, *Distillation de la betterave.*

La prise d'échantillons de jus dans le vaisseau collecteur a prouvé que l'acide sulfurique n'y joue qu'un petit rôle presque insignifiant.

Une opinion aussi erronée est celle de Weil qui croyait que l'acide sulfurique transformait en sucre les substances contenues dans le jus de betteraves, telles que la gomme, etc., et produisait ainsi une augmentation du rendement en alcool.

Il est hors de doute que le jus acidulé donne un rendement plus élevé en alcool que le jus non acidulé de la même densité, mais la cause en est due à la décomposition par l'acide sulfurique des sels neutres et des sels acides organiques par suite de laquelle les acides organiques deviennent libres et offrent à la levure un milieu qui lui est propice. Il en résulte une décomposition du sucre jusqu'au dernier molécule et un rendement plus élevé en alcool. L'addition d'acide empêche toutes les fermentations étrangères qui se produisent si facilement dans le jus de betteraves, ce qui augmente également le rendement en alcool ; on ne doit pas non plus perdre de vue que l'acide rend les substances albuminoïdes plus assimilables pour la production de la levure. Beaucoup de praticiens prétendent encore que l'acide sulfurique améliore l'arome de l'alcool de betteraves.

Une question principale dans la fabrication de l'alcool de betteraves et décisive pour la réussite du travail est celle de la quantité d'acide sulfurique à ajouter au jus.

Pour pouvoir examiner cette question de plus près, il faut connaître les conditions qui peuvent modifier l'addition de cet acide, et comme elles sont nombreuses, les renseignements à ce sujet diffèrent naturellement beaucoup entre eux.

La détermination de la quantité d'acide sulfurique à ajouter, depend :

1º De la qualité du jus employé dans la distillerie ;

2º De la composition des betteraves qui varie à l'infini selon la qualité du sol ;

3º De la quantité et de la qualité des engrais employés ;

4º Du temps sous l'influence duquel la betterave a poussé ;

5º De l'état de maturité des betteraves ;

6° Du degré de décomposition par suite d'une mauvaise conservation ;

7° Du lavage des betteraves ;

8° De la température du jus et du mode d'extraction ;

9° De la quantité de jus retirée de 100 kilos de betterave ;

10° De la quantité et de l'acidité des vinasses dont il est fait
usage.

Dans ces conditions, il n'est pas étonnant que les indications
soient des plus variées : Lintner dit que les cossettes doivent être
arrosées complètement de 3 0/0 d'acide sulfurique ; Dubrunfaut
dit qu'il en faut 2 0/0 du poids du sucre de la quantité totale
de betteraves à travailler, c'est-à-dire environ 2/1000 du poids
total des betteraves ; Pezeyre fixe la quantité à 3/1000 par 3° de
la densité du jus ; Champonnois compte 2 kilos d'acide sulfurique en 30 litres de jus faible pour 1,000 kilos de betteraves ;
Leplay prend 1-2 litres d'acide sulfurique pour 1,000 kilos de
betteraves ; Cheval 5-7 loths d'acide par 100 livres de betteraves ;
Siemens n'en prend qu'en quantité qui ne donne pas encore au
jus une coloration foncée ; environ 1 livre par 1,000 livres de betteraves ; Gall prend 1 1/4-1 1/2 par mille ; Trommer prend 7-8
loths d'acide sulfurique par 100 livres de betteraves.

Tous les distillateurs de betteraves connaissent l'importance de
cette question ; tous les théoriciens qui ont écrit sur ce sujet,
ont appelé l'attention sur ce qu'aucun facteur n'exerce une
influence aussi profonde, tant directe qu'indirecte, sur la pureté,
la durée, l'utilisation et le résultat total de la distillation que
l'addition de l'acide.

Il résulte des annotations de M. Brien que la quantité d'acide
varie dans une seule et même distillerie quelquefois entre 150
et 300 grammes par 100 kilogrammes de betteraves et que
par conséquent l'indication de la quantité de 170 grammes
comme convenant par 100 kilogrammes de betteraves ne dit pas
autre chose que c'est à peu près la moyenne exacte de laquelle
les diverses distilleries s'écartent cependant beaucoup.

Mais si je prétends, dit-il, que le jus de betteraves doit avoir
une acidité calculée, d'après l'anhydrite sulfurique (équivalent 40),

à 0,16-0,18 p. c. en moyenne, je pense donner un point de repère beaucoup plus sûr.

Une expérience de laboratoire faite par l'auteur nous donne des renseignements sur l'influence de l'acide sulfurique employé en différentes quantités.

On a fabriqué pour toute la série des essais, une grande quantité de jus de betteraves de qualité uniforme qui accusait au saccharimètre 13° et au polarimètre 10.53 0/0 de sucre. De ce jus on a pris neuf échantillons. Le premier échantillon n'a pas été acidulé ; aux huit échantillons suivants on a ajouté de l'acide sulfurique faiblement dilué en quantités progressives, de façon que le dernier échantillon en contenait huit fois plus que le premier échantillon acidulé. Les jus ont été chauffés ensuite à 70° C., puis refroidis pour y déterminer la quantité d'acide au moyen d'une solution normale de potasse titrée à 1/10. Nous savons parfaitement qu'une certaine quantité d'acide sulfurique sert à la décomposition du sel organique du jus de betteraves et qu'en conséquence une partie des acides déterminés par la titration sont des acides organiques.

Mais comme il est impossible de poser un chiffre comme équivalent pour les divers acides, tels que l'acide citrique, l'acide oxalique, etc., les centimètres cubes employés ont été mis en compte dans le calcul comme acide sulfurique $SO_3 = 40$ et les chiffres ainsi trouvés indiquaient l'anhydrite sulfurique en 100 parties de jus. L'acide sulfurique employé a été analysé également avant l'essai et on a déterminé sa teneur en SO_3.

Sur 100 centimètres cubes, on a ajouté comme SO_3 aux échantillons :

1	2	3	4	5	6	7	8	9
0.0	0.066	0.132	0.198	0.264	0.330	0.396	0.462	0.528

Par la titration on a trouvé dans l'acide comme SO_3 :

1	2	3	4	5	6	7	8	9
0.0	0.052	0.076	0.100	0.172	0.220	0.240	0.296	0.400

Dans les échantillons 2 à 8 inclusivement, la quantité de SO_3 augmentait régulièrement de 0,066 ; pour tous les essais on a pris du jus de la même composition et malgré cela la quantité d'acide trouvée comme SO_3 n'est pas régulière; elle est inférieure aux échantillons :

1	2	3	4	5	6	7	8	9
de 0.0	0.014	0.066	0.098	0.092	0.110	0.156	0.166	0.128

Les différences pour les jus de composition différente doivent donc être encore de beaucoup plus grandes.

Une question particulièrement intéressante est celle de savoir comment les jus de betteraves plus ou moins acidulés se comportent dans la fermentation. Pour résoudre cette question, on a ajouté à chaque échantillon une égale quantité de levure pressée pure ; tous les échantillons ont été placés dans un bain-marie commun de 24° C. pendant quatre heures et demie, et puis ils ont été chauffés à 100° C. pour éliminer l'alcool et l'acide carbonique. Le restant du jus non décomposé a été vérifié au saccharimètre. Les résultats parlent d'eux-mêmes.

Des 13° saccharimétriques communs à tous les échantillons, il restait après les essais :

N° DE L'ESSAI	Acide ajouté compté comme S O³	Après 4 1/2 heures de fermentation, degrés saccharimétriques		OBSERVATIONS
		RESTANTS	DISPARUS	
I	0.000	7.4	5.6	Forte mousse.
II	0.066	3.5	9.5	Bonne fermentation.
III	0.132	3.3	9.7	Id.
IV	0.198	3.1	9.9	Id.
V	0.264	4.7	8.3	Id.
VI	0.330	7.1	5.9	Fermentation lente.
VII	0.396	9.3	3.7	Id.
VIII	0.462	9.5	3.5	Id.
IX	0.528	12.4	0.6	Id.

Il serait difficile de trouver des chiffres plus instructifs et plus éloquents. Dans neuf échantillons d'un jus de betteraves on a constaté après la même durée de fermentation de quatre heures et demie que, sur la quantité primitive de 10.53 0/0 de sucre, il y avait, selon la quantité d'acide sulfurique ajouté, les quantités suivantes qui avaient disparu par la fermentation :

NUMÉRO DE L'ESSAI	SUCRE		Sucre fermenté en p. c.
	RESTANT	FERMENTÉ	
I	4.93	5.6	53.1
II	1.03	9.5	90.2
III	0.83	9.7	92.1
IV	0.63	9.9	94.0
V	2.23	8.3	77.7
VI	4.63	5.8	55.0
VII	6.83	3 7	35.1
VIII	7.03	3.5	39.2
IX	9.93	0.6	5.6

Les différences de 5, 6 0/0 à 94.0 0/0 nous font connaître l'influence de l'acide sulfurique sur la fermentation, savoir qu'il y a désavantage d'en prendre trop comme d'en prendre trop peu. Si on se laisse guider dans une fabrique uniquement par la routine, le dommage est inévitable. Non seulement la perte de temps peut entraîner à de fortes dépenses selon la législation sous le régime de laquelle la fabrique est placée, mais encore une quantité mal appropriée d'acide sulfurique expose au danger des fermentations accessoires et le dommage résultant de cette manipulation irrationnelle peut devenir très considérable au bout de la campagne.

Jusqu'à présent nous avons parlé toujours de l'acide sulfurique sans nous enquérir au préalable pourquoi on a choisi précisément celui-ci parmi les acides inorganiques. En général, il n'y a que trois acides qui puissent entrer en concurrence, savoir : l'acide phosphorique, l'acide chlorhydrique et l'acide sulfurique.

L'acide phosphorique est d'un très bon emploi, mais son prix trop élevé s'oppose à son emploi régulier; je conseille néanmoins de l'employer de temps en temps, par exemple, tous les quinze jours, et de ne pas prendre ce jour-là de vinasses pour la macération.

L'acide chlorhydrique est employé à cause de son bon marché encore dans beaucoup de fabriques en France, mais on a pu se convaincre que son effet ne vaut pas celui de l'acide sulfurique; au surplus, notamment si on se sert de macérateurs ouverts, les vapeurs d'acide chlorhydrique (vapeurs de chlorure d'ammonium) qui se répandent dans toute la distillerie, gênent le personnel. C'est pourquoi on donne la préférence à l'acide sulfurique du commerce de 60-66° Baumé dont le prix n'est pas non plus très élevé.

§ III. — Mise en fermentation des Jus.

Pour commencer une série de cuves de fermentation, c'est-à-dire faire un pied de cuve, on met généralement autant de litres de levure liquide ou autant de kilogrammes de levure pressée que d'hectolitres de jus de betterave.

Ce pied de cuve se fait dans la proportion du sixième de la contenance entière de la cuve.

Il doit se faire à une température de 35° à une densité variant de 3° à 4° et avec 2 1/2 à 3 millièmes d'acide sulfurique; dans ces conditions, la fermentation doit commencer à se déclarer au bout de deux à trois heures au plus.

La fermentation s'annonce par une couche de mousses blanches qui se forme contre la paroi de la cuve, ensuite la couche de liquide se couvre de mousses, et enfin se forme un dégagement d'acide carbonique (on peut s'en assurer en descendant dans la cuve une lampe qui s'éteint au contact de ce gaz).

En supposant que le jus a 3° 1/2 de densité, ce qui doit être la moyenne, on ne commence à couler de nouveau jus que lorsque le pied de cuve a perdu par la fermentation 2° de densité; comme, par exemple, si on a coulé du jus à 3° 1/2 on ne doit commencer à alimenter que quand la densité est à 1° 1/2.

A ce moment on alimente cette première cuve en coulant du jus nouveau ayant 3° 1/2 de densité en moyenne et à une température de 24° à 26°, de manière à entretenir dans la cuve en fermentation une température de 28° à 30° et une densité de 1° au moins et 2° au plus.

Cette densité et cette température doivent être bien observées afin de se maintenir dans de bonnes conditions et avoir par là une fermentation régulière.

Lorsque cette première cuve est pleine, on la fait communiquer avec la seconde cuve tout en continuant toujours à alimenter de jus la première.

Ce n'est que lorsque la seconde cuve est un peu plus qu'à moitié pleine que l'on commence à couler dessus sans arrêter la communication avec la cuve précédente et toujours en prenant bien note de la densité et de la température du jus en fermentation pour ne pas ralentir ou trop activer la fermentation. Lorsque cette deuxième cuve est pleine, on la coupe avec la troisième cuve et toujours en continuant à alimenter avec du jus sur la deuxième cuve; on ne doit couler sur la troisième que lorsqu'elle est plus qu'à moitié pleine.

Au fur et à mesure que les cuves sont remplies, on cesse de les communiquer de l'une à l'autre.

Les fermentations faites dans de bonnes conditions en suivant les principes donnés doivent tomber à une densité de 4/10 à 6/10 après la fermentation ayant une température de 28° à 30°.

L'acidité des jus mis en fermentation doit se vérifier à chaque cuve et aussi sur le jus venant des presses par une liqueur alcaline pour s'assurer si ces jus ont bien 2 1/2 et 3 millièmes d'acidité.

§ IV. — Les fermentations secondaires.

Dans un article paru dans l'*Organ des Central-Vereins für Rübenzucker-Industrie*, de Vienne, M. H. Brien passe en revue les diverses fermentations secondaires qu'on rencontre le plus souvent dans les distilleries de betteraves. Ces fermentations, comme on le sait, s'opèrent toutes aux dépens du rendement en alcool. Elles dérivent, dans la plupart des cas, de la composition chimique des racines, et peuvent être victorieusement combattues, non par la routine, mais par la science.

Commençons par la *fermentation lactique*, qui est la plus connue dans les distilleries, dit l'auteur. Cette fermentation se présente rarement lorsqu'on travaille des betteraves ou des matières premières dans lesquelles le sucre est parvenu à sa composition normale, et lorsqu'on n'emploie pas de levure pressée ou de levure artificielle pour faire fermenter le moût. Elle est, au contraire, inévitable, si l'on met en œuvre des racines qui ont subi certaines influences du sol, du temps, de la conservation après l'arrachage. Siemens a d'ailleurs fait observer, dès 1856, que la betterave contient quelques substances fort aptes à provoquer la formation d'acide lactique.

Cette formation est particulièrement favorisée dans les établissements où l'on traite les lamelles de betteraves par la vapeur.

Il peut arriver qu'il y ait naissance d'acide lactique, même lorsque la fermentation s'opère dans des conditions normales et irréprochables en apparence. Dans un travail publié en 1878, l'auteur a fait connaître un cas dans lequel le degré d'acidité du moût n'a cessé de s'accroître depuis le commencement de la fermentation jusqu'à la distillation. L'analyse a fait reconnaître que l'acide en question était de l'acide lactique. Cet acide se formant aux dépens du sucre, il est inutile de faire observer que sa production correspond à une diminution de rendement en alcool.

Quelles sont les causes qui le font naître ? Parfois, c'est la composition des racines; d'autres fois, c'est la proportion mal réglée des moûts chauds et de l'eau froide arrivant dans la cuve; souvent aussi, c'est la malpropreté des appareils ou l'état du local à fermenter. Quelquefois, ce sont les levures qui introduisent dans les moûts les germes de la fermentation lactique.

La propreté est un préservatif contre les fermentations secondaires, vicieuses, en général. Elle est d'une importance capitale. Si la fermentation lactique provient d'un vice de température comme une température trop basse, on fait bien de vérifier le thermomètre, qui, par des indications inexactes, est plus souvent qu'on ne le croit la cause de graves irrégularités. Il est essentiel de le consulter souvent pendant qu'on charge la cuve à fermenter.

Bien des fois une augmentation de la dose d'acide sulfurique suffit pour produire d'excellents effets contre la fermentation secondaire qui nous occupe.

Il convient de parler ici aussi de la *fermentation butyrique*, qui se présente le plus souvent simultanément avec la précédente. L'acide butyrique, en effet, n'est qu'un dérivé de l'acide lactique.

Toutes les circonstances qui favorisent la production de l'acide lactique, sont donc susceptibles d'être rangées parmi celles qui peuvent donner naissance à l'acide butyrique, et les moyens de s'en préserver sont les mêmes. Mais, en dehors de ces circonstances, il y a lieu de signaler la gelée : les betteraves gelées prennent une sorte de pourriture qui est très favorable au développement de l'acide butyrique. Dans ce cas, si l'on extrait le jus au moyen de la diffusion, il est bon d'opérer à une température passablement élevée et de pousser le travail très vivement.

La *fermentation mannitique*, appelée aussi *fermentation visqueuse*, est plus désastreuse encore que les précédentes. Non seulement elle réduit du sucre en acide lactique et en mannite, mais en une sorte de gomme. Cette gomme, constituée comme la gomme arabique, est infermentescible. Elle se produit surtout dans les distilleries de betteraves qui extraient les jus à une température trop élevée et les refroidissent ensuite à la manière de ce qui se pratique à l'égard des moûts de pommes de terre. Un tel moût devient visqueux, la levure s'y prend en masse et reste aux parois des cuves ; et sa fermentation, tantôt active, tantôt faible, accompagnée d'un bruissement particulier provoqué par les bulles d'acide carbonique qui se crèvent, dure en quelque sorte indéfiniment sans que sa distillation donne un rendement normal en alcool.

Lorsque la fermentation mannitique a pris certaines proportions, il est indispensable d'y remédier sans délai par des mesures énergiques ; car elle se propage par une sorte de contagion, par suite de l'usage, particulier aux distilleries de betteraves, de partager le moût fermenté, pour en mélanger une partie avec du moût frais qu'on veut mettre en fermentation.

En pareil cas, chaque cuve, avant de recevoir une charge subséquente, doit être lavée avec soin et finalement à l'eau aiguisée d'acide sulfurique. Il y a lieu aussi d'augmenter la dose d'acide, lorsque les betteraves sont fort prédisposées à subir ce genre de fermentation vicieuse. Dans beaucoup de cas pareils une certaine élévation de température produit un bon effet.

On observe parfois aussi la *fermentation pectique*, due aux substances azotées contenues dans les racines. Un ferment, la pectase, agissant comme la diastase dans le malt d'orge et la synaptase dans les amandes amères, est le promoteur de cette fermentation, qui s'opère sans dégagement de gaz, en donnant naissance à de l'acide pectique, parapectique, métapectique, etc... Bien que cette fermentation ne se fasse pas directement aux dépens du sucre, il y a lieu de l'éviter le mieux possible. Elle se remarque surtout lorsque les jus ont été extraits par la diffusion, à laquelle remonte souvent son origine.

On mentionnera, en passant, la *fermentation acétique* qui se distingue des quatre premières en ce qu'elle ne se fait pas aux dépens du sucre, mais de l'alcool déjà formé. L'ajournement trop prolongé de la distillation du moût fermenté et la malpropreté des appareils sont ses principales causes; et ses principaux véhicules, les *mycoderma aceti*, se trouvent dans tous les locaux à fermenter, et surtout dans ceux qui ont des planchers de bois souvent imprégnés d'eau. Une bonne ventilation, un plancher imperméable et une propreté absolue sont les meilleurs moyens pour combattre la fermentation acétique.

Le travail le mieux conduit et le mieux réussi n'empêche pas, d'ailleurs, la production d'une certaine quantité d'acide acétique. Il y a quelquefois moyen de trouver des traces de cet acide dans les plus beaux produits de la distillation. Pendant la distillation des alcools bruts de betteraves, il se dégage aussi, comme on sait, d'assez notables quantités d'aldéhydes, produits intermédiaires entre l'alcool et l'acide acétique. On s'explique dès lors aisément la fermentation qui nous occupe.

M. de Hardegger a recueilli dans un flacon spécial les premiers produits d'une charge à distiller. A son étonnement, le liquide ainsi obtenu entrait en ébullition dans la main qui tenait le flacon. Il y a tout lieu de croire que ce produit était de l'aldéhyde à peu près pur, dont le point d'ébullition est à 21° C. La formation en si grande quantité de cet aldéhyde peut s'expliquer par une fermentation alcoolique trop énergique faite à une température relativement élevée, cas qui peut parfaitement se présenter pendant la fermentation des jus de betteraves.

Pour terminer, parlons encore d'une fermentation secondaire, commune aux distilleries de betteraves et de mélasses, la *fermentation nitreuse*. Son origine s'explique sans difficulté ; elle est due à un excès de sels nitriques contenus dans la matière première mise en œuvre. Schulze et Urich ont fait, à ce sujet, des travaux détaillés, établissant par des chiffres que ces sels sont dans les betteraves en plus ou en moins grande proportion, suivant le sol où elles ont été cultivées. La fermentation nitreuse est la plus dangereuse des fermentations secondaires. Une fois qu'elle est en train, on n'a plus d'autre moyen de la combattre que de sacrifier le moût en fermentation. Si l'on s'y prend dès ses premières traces, on peut la conjurer par une grande propreté, le choix d'une bonne levure et par une augmentation de la dose d'acide sulfurique.

On n'est pas entièrement d'accord sur la manière dont cette fermentation prend naissance. Schloesing et Dubrunfaut interprètent de la façon suivante les réactions auxquelles elle donne lieu : l'action de l'acide nitrique sur le sucre produit de l'oxyde d'azote, de l'acide butyrique, de l'eau et de l'hydrogène. L'oxyde d'azote dégagé absorbe de l'oxygène atmosphérique et se transforme en acide nitreux, que l'on reconnaît facilement par l'odeur et les vapeurs rutilantes qui le caractérisent.

Si nous résumons les moyens de combattre les diverses fermentations secondaires, nous trouvons qu'il convient dans quelques cas d'élever la température du moût, ou, ce qui revient au même, d'augmenter le jet de moût chaud arrivant dans la cuve avec l'eau ; de renforcer, d'autres fois, la dose d'acide sulfurique ; et que partout on recommande *la propreté et toujours la propreté* des appareils et du local de fermentation.

Qu'on ne confonde pas la propreté en question avec un appareil distillatoire luxueux et un tuyautage extérieurement brillant. C'est du local à fermenter qu'il s'agit : c'est lui qui doit être le *salon* de la distillerie. Tout distillateur fera bien de méditer et de pratiquer à ce sujet les six principes suivants, de Maerker :

1° *Le local à fermenter doit être tenu à une température égale;*

2° *Posséder ce qu'il faut pour l'écoulement facile et constant des eaux;*

3° *Être bien éclairé;*

4° *Être d'une hauteur suffisante;*

5° *Être bien aéré;*

6° *Être construit avec des matériaux aussi imperméables que possible.*

Le distillateur qui suit ces prescriptions évite la plupart des fermentations secondaires et les pertes d'alcool qu'elles occasionnent.

§ V. — Moyen nouveau d'empêcher les fermentations secondaires dans les fermentations alcooliques de l'industrie, par MM. U. Gayon et G. Dupetit.

On sait, depuis les recherches de M. Pasteur, que les fermentations industrielles, surtout celles des mélasses de canne et de betterave, sont rarement pures ; le développement de la levure y est le plus souvent gêné par la présence d'organismes étrangers qui non seulement consomment du sucre à leur profit et diminuent les rendements, mais encore engendrent des produits secondaires, acides, alcools, éthers, et contribuent ainsi à accroître le mauvais goût et la toxicité de l'alcool. Dans la pratique, ces fermentations irrégulières sont caractérisées par une augmentation rapide et exagérée de l'acidité et, dans quelques cas, par l'apparition de vapeurs nitreuses à la surface des liquides.

On peut empêcher la multiplication des ferments bactériens par la méthode bien connue de M. Pasteur, c'est-à-dire en semant de la levure pure dans des liquides stérilisés, mais les précautions qu'elle exige en rendent l'application difficile dans l'industrie des alcools.

Nous avons essayé d'atteindre le même but par l'addition aux moûts de substances antiseptiques capables, à des doses déterminées, de s'opposer au développement des germes sans nombre contenus dans les matières premières et dans les levains, ou déposés à la surface des vases, sans nuire cependant à l'activité de la levure elle-même.

Parmi les principaux antiseptiques connus, nous n'avons trouvé que le tannin qui, aux doses de 0 gr. 50 à 1 gramme par litre, ait donné d'assez bons résultats; encore n'empêche-t-il pas le développement du *mycoderma aceti*.

Au contraire, les sels de bismuth, dont nous avons signalé les propriétés antiseptiques en juillet 1884 (*Mémoires de la Société des sciences physiques et naturelles de Bordeaux*, 3e série, t. II, p. 34), ont pleinement réussi, à de faibles doses, à entraver toutes les fermentations secondaires (1).

Le tableau suivant résume les effets produits par 0 gr. 10 par litre de sous-nitrate de bismuth, en solution acide, dans une fermentation d'un mélange de maïs saccharifié et de mélasses de betterave.

	ACIDITÉ		DIFFÉRENCE ACIDE FORMÉ	ALCOOL ABSOLU PAR LITRE	BACTÉRIES DÉVELOPPÉES par CHAMP
	INITIALE	FINALE			
a) Fermentation avec bismuth .	9	14	5	54 cc. 0	0
b) Fermentation sans bismuth. .	9	33	24	50 cc. 3	400
(1 d'acidité = 0 gr. 098 d'acide sulfurique pur par litre.)					

(1) L'iodure de bismuth et de potassium, qui peut être obtenu en solutions neutres, jouit de propriétés antiseptiques énergiques et constitue un agent thérapeutique précieux. M. Ganault, préparateur à la Faculté des sciences de Bordeaux, l'a employé avec succès pour la guérison des plaies anciennes, ulcères, fistules, otorrhées, qui avaient résisté aux traitements ordinaires.

Le sel de bismuth, en maintenant la levure pure, a donc limité la production des acides et accru la richesse alcoolique.

Le gain en alcool a été de 3 c.c. 7, soit 7.36 0/0 de l'alcool formé en b).

La dose de $\dfrac{1}{10000}$ de sous-nitrate de bismuth, employée avec succès dans l'expérience précédente, devient inefficace si l'acidité initiale diminue.

Il était intéressant de s'assurer si les résultats obtenus dans les essais de laboratoire conserveraient leur netteté dans des fermentations industrielles. M. Leurent, à Bordeaux, MM. André Bernard et Tilloy, à Courrières, ont bien voulu mettre gracieusement leurs magnifiques usines à notre disposition et nous laisser faire, à leurs frais, un grand nombre d'essais sur des centaines d'hectolitres de moût à la fois. Nous les prions de recevoir ici l'expression de notre profonde gratitude pour leur accueil aussi affable que désintéressé.

Dans chaque série d'essais, les cuves traitées et une cuve témoin ont reçu les mêmes quantités de moût de maïs, de levure de bière, les mêmes volumes de mélasse étendue, etc.; elles ne différaient exclusivement que par l'addition aux premières de solutions titrées de sel de bismuth.

L'action de l'antiseptique s'est toujours manifestée par la conservation de la pureté de la levure et par la régularité dans la marche de la fermentation; l'acidité a peu augmenté et, dans certains cas, l'excès de richesse alcoolique a atteint des proportions remarquables.

Les nombres suivants ont été obtenus en ajoutant 0 gr. 10 de sous-nitrate de bismuth par litre dans les cuves traitées :

	I		II		III	
	CUVE TRAITÉE	CUVE TÉMOIN	CUVE TRAITÉE	CUVE TÉMOIN	CUVE TRAITÉE	CUVE TÉMOIN
Capacité des cuves . . .	600 h.	600 h.	200 h.	200 h.	200 h.	200 h.
Nature de la mélasse . .	Betterave	Betterave	Canne	Canne	Canne	Canne
Densité du moût de mélasse.	1075	1075	1060	1060	1060	1060
Proportion du moût de maïs.	1/10	1/10	1/4	1/4	1/4	1/4
Densité du moût de maïs.	1031	1031	1029	1030	1035	1034
Température maxima de la fermentation. . . .	35°	35°	32°	33°	33°	32,05°
Augmentation d'acidité .	2.5	13.0	6.7	26.5	4.5	36.0
Richesse alcoolique du vin	5.87 0/0	5.74 0/0	4.94 0/0	4.71 0/0	4.95 0/0	4.3 0/0
Différence de richesse alcoolique	»	— 0.13	»	— 0.23	»	— 0.59

En prenant le rapport des différences de richesse alcoolique aux richesses du vin dans les cuves traitées, on a respectivement :

$$\text{Dans l'expérience} \quad \text{I} \quad . \quad 2.21$$
$$\text{—} \qquad \text{II} \quad . \quad 4.66$$
$$\text{—} \qquad \text{III} \quad . \quad 11.90$$

Ces chiffres donnent la mesure des pertes que les industriels peuvent éprouver par le fait des infiniment petits et des avantages qu'ils retireraient de l'emploi d'antiseptiques aussi efficaces, mais plus économiques que les sels de bismuth.

CHAPITRE QUATRIÈME

DISTILLATION DES JUS

§ I. — Appareils rectangulaires de distillation.

La maison Savalle a employé dans les premières distilleries qu'elle a montées, il y a une trentaine d'années, des colonnes à plateaux perforés ; ce système offrait au constructeur l'avantage de la simplicité et du bon marché de la construction. Quand l'appareil était neuf, rien de mieux, son fonctionnement était parfait ; mais ensuite, la perforation du plateau qui servait de passage aux vapeurs s'agrandissait, et le rapport entre ces passages de vapeur et le travail produit n'existait plus. Il en résultait une perte d'alcool dans les vinasses, qui allait en grandissant en raison de l'usure des plateaux de colonne.

M. Désiré Savalle s'est donc mis à chercher un nouvel appareil distillatoire écartant ces deux inconvénients d'usure et de perte aux vinasses. Ses travaux furent couronnés de succès par la réalisation de sa nouvelle colonne rectangulaire, figure 1.

Dans cette colonne, toutes les parties sont robustes et à l'abri

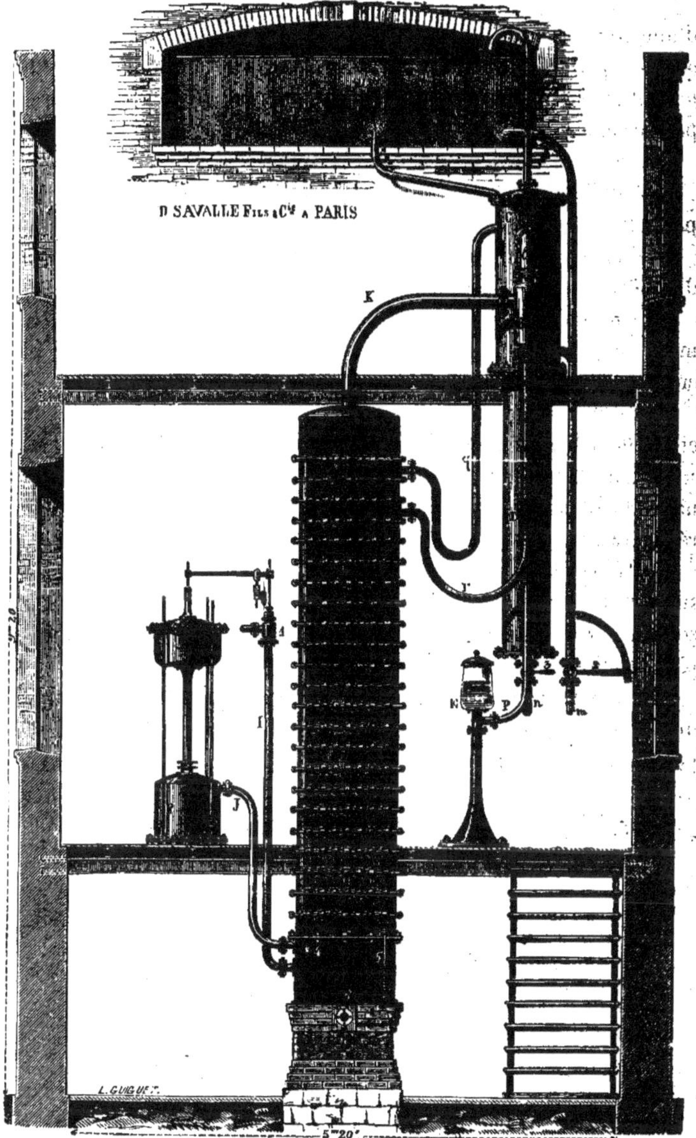

Fig. 1. — Colonne distillatoire rectangulaire n° 3, dimension moyenne.

d'une trop prompte usure, et la combinaison du système est telle que l'appareil est constamment propre par la vitesse d'écoulement de la matière en distillation qui est de 40 centimètres par seconde.

Cet appareil se distingue :

— Par l'application à son chauffage d'un régulateur de vapeur perfectionné.

— Par le mode de régulariser l'alimentation des liquides à distiller.

— Par son chauffe-vins à grandes surfaces qui utilise parfaitement le calorique des vapeurs d'alcool au profit du vin froid entrant dans l'appareil.

— Par le brise-mousses, qui procure des produits moins acides et exempts de mélanges de matières résultant de coups de feu.

— Par le réfrigérant tubulaire dont la disposition intérieure nouvelle réduit de moitié la consommation d'eau nécessaire à la réfrigération.

— Par la disposition spéciale des plateaux de colonne à grande surface de barbotage, où chaque litre de matière à distiller est soumis à une lame de vapeur représentant, dans les grands appareils, environ 200 mètres de longueur.

L'ensemble du système offre une perfection réelle d'où résulte une grande puissance de travail et l'assurance d'épuiser complètement l'alcool des vinasses.

§ II. — Fonctionnement de la colonne distillatoire rectangulaire.

Pour mettre en train l'appareil figure 1 il faut :

1° Mettre en mouvement la pompe à vin (1) et celle à eau froide pour emplir les réservoirs supérieurs ;

2° Emplir d'eau froide le réfrigérant D ;

3° Emplir de vin le chauffe-vins C et tous les plateaux de la colonne A ;

---

(1) On appelle *vin*, le jus fermenté prêt à être distillé.

4° Fermer les robinets d'alimentation d'eau (3) et de vin (2) ;

5° Mettre la vapeur pour chauffer graduellement tous les plateaux de la colonne, et pour chasser sans secousses l'air contenu dans le chauffe-vins et dans le réfrigérant ;

6° Lorsque l'alcool coule à l'éprouvette E, il faut ouvrir le robinet (3) du réfrigérant ;

7° Puis ouvrir petit à petit le robinet d'alimentation du vin ;

8° Ici se présente une difficulté : il faut, à la mise en train de l'appareil, chercher le point d'alimentation convenable du vin, pour que, d'une part, il ne soit pas trop considérable et n'arrête pas la production de l'alcool à l'éprouvette, et pour que, d'autre part, l'alimentation de ce vin soit assez forte pour maintenir au produit le degré alcoolique convenable. C'est un point d'alimentation à déterminer une fois pour toutes, au moyen du robinet d'alimentation (2) et du cadran indicateur qui y est fixé ;

9° Pour pouvoir bien déterminer ce point d'alimentation, il est indispensable que le réservoir à vins soit constamment plein au même niveau. Il faut, par conséquent, que la pompe alimente ce réservoir à continu et que le trop-plein du réservoir retourne à l'aspiration de la pompe ;

10° Pour ce qui est de la vapeur de chauffage, il est utile de la donner modérément en commençant le travail, jusqu'à ce que les alcools arrivent la première fois à l'éprouvette ; ensuite le régulateur de vapeur fonctionne, et on n'a plus à s'en préoccuper. Il faut alors surveiller l'alimentation des vins ;

11° Pour terminer le travail, on arrête d'abord l'alimentation des vins, en fermant le robinet (2), puis, quelques instants après, on arrête la vapeur de chauffage ; la colonne reste ainsi garnie de matières pour recommencer le travail le jour suivant. Si l'on arrête le samedi en marchant à continu nuit et jour, il est préférable de laisser la vapeur chauffer la colonne plus longtemps sans alimenter de vin pour faire venir à l'éprouvette tout l'alcool qu'elle contient.

CHAPITRE CINQUIÈME

RECTIFICATION DES FLEGMES

§ I. — Les appareils à rectifier.

Toutes les opérations de la fabrication sont également très importantes, l'extraction du jus, la fermentation, et la distillation des flegmes, chacune de ces opérations a pour but principal d'obtenir le plus grand rendement d'alcool brut; la quatrième opération qui est la rectification des flegmes est aussi extrêmement importante car c'est elle qui donne la *qualité* à l'alcool ; — tandis que les opérations précédentes ont surtout en vue la quantité.

La rectification qui donne à l'alcool une plus-value (prime) qui peut s'élever jusqu'à *trente pour cent* (30 0/0) de la valeur de la marchandise a donc un intérêt capital dans la fabrication de l'alcool.

Selon que la rectification des flegmes se fera dans de bonnes ou mauvaises conditions, l'usine peut travailler en perte ou faire des bénéfices considérables. C'est dire que le choix de l'appareil

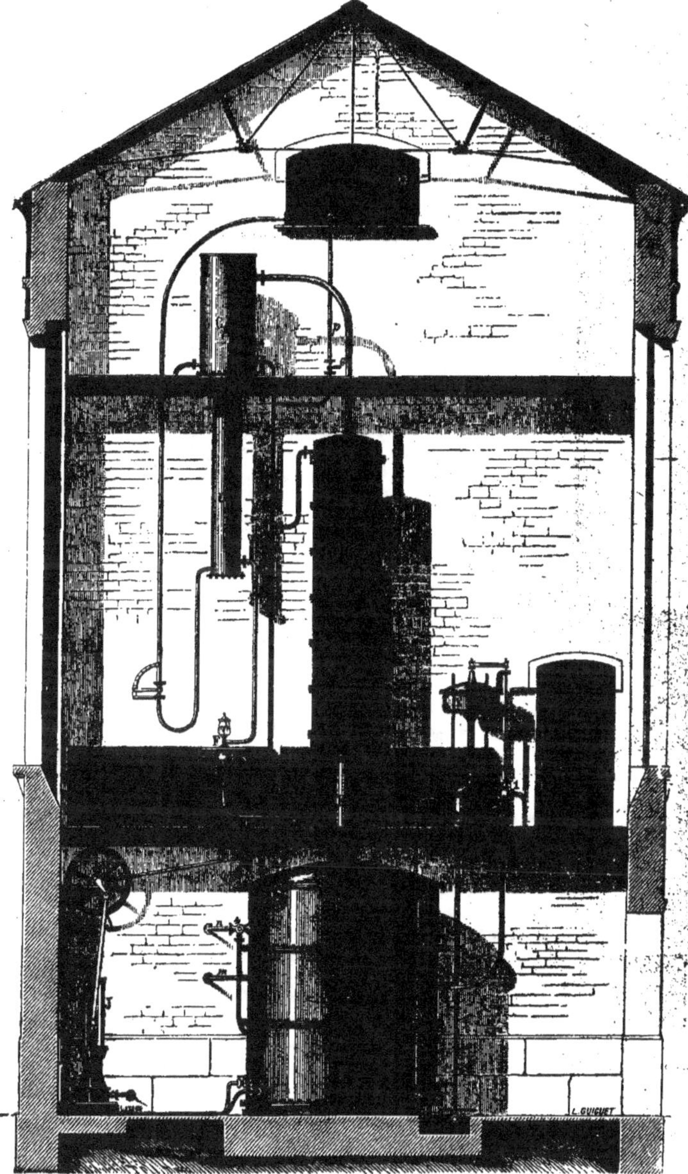

Fig. 2. — Rectificateur méthodique systême Savalle.

Fig. 3. — Appareil distillatoire produisant, du premier jet, des alcools à 90 et 93 degrés.

rectificateur a une importance considérable, car c'est de lui que dépend la finesse, la pureté, le cachet, dirons-nous, de l'alcool.

Entrer dans la description complète et raisonnée des appareils rectificateurs nous entraînerait beaucoup trop loin, car ce sont les instruments de précision de la fabrication de l'alcool. — Nous renverrons donc le lecteur au fascicule de cet ouvrage qui traite spécialement de la *Rectification*, et dans lequel se trouve exposée la théorie de cette importante opération.

Nous reproduisons (fig. 2 et 3) deux gravures représentant, la première le nouveau rectificateur méthodique système Savalle, et la seconde l'appareil distillatoire produisant du premier jet des alcools à 90 et 93 degrés.

LÉGENDE DU RECTIFICATEUR MÉTHODIQUE (Fig. 2).

A. — Chaudière en cuivre contenant l'alcool à rectifier.
B. — Colonne rectangulaire.
C. — Condenseur.
D. — Réfrigérant.
E. — Régulateur à vapeur.
F. — Eprouvette.
G. — Réservoir à eau froide.
H. — Réservoir à flegmes.
I. — Tuyau de pression.
J. -- Pompe à eau.
m. — Tuyau de vapeur d'échappement de machine allant au serpentin.
n. — Sortie des huiles.
o. — Tuyau de charge de la chaudière.
t. — Tuyau de vapeur directe allant au serpentin.
1. — Soupape de vapeur.
2. — Sortie de condensation de vapeur directe.
3. — Sortie de condensation de vapeur d'échappement de machine.
4. — Robinet à 3 eaux pour la charge et la vidange de la chaudière.
5. — Robinet de vidange.
6. - Robinet pour le lavage de la colonne.

Cette légende nous dispense de décrire le fonctionnement de l'appareil, qui mérite de fixer l'attention de tous les fabricants désireux de produire des alcools de première marque.

Le second appareil produisant du premier jet des alcools à 90 et 93 degrés peut avoir son utilité dans des cas particuliers et dont le fabricant peut seul être juge.

§ II. — Régulateur automatique de chauffage des colonnes distillatoires et des rectificateurs Savalle.

Le régulateur de vapeur, qui est aujourd'hui universellement adopté dans les distilleries, est une des plus belles créations de M. Désiré Savalle. Ce précieux instrument n'est pas seulement une garantie contre les dangers que peut faire courir l'irrégularité de la pression de la vapeur à l'intérieur des appareils, mais il concourt puissamment à la perfection du produit par la régularité du chauffage.

M. Aloïs Schœnberg, dans son excellent journal le *Populäre Zeitschrift für Spiritus und Presshefe-Industrie* (Gazette populaire de l'industrie des alcools et de la levure), a fait ressortir avec beaucoup de science et de sens pratique les services que rend le régulateur Savalle : nous reproduisons la traduction de cet intéressant article :

« Pour obtenir l'épuisement constant, complet, du moût soumis à la distallation ou, en d'autres termes, pour obtenir tout l'alcool contenu dans le moût arrivant à distillation, l'uniformité de la distillation joue, à côté des autres conditions bien connues, un rôle des plus importants, et nous sommes convaincus que beaucoup de praticiens ont déjà constaté souvent qu'une distillation irrégulière, tantôt trop rapide, tantôt trop lente, produit toujours une perte de rendement.

» La même chose a lieu dans la rectification des alcools, mais dans une mesure beaucoup plus prononcée encore, personne ne le contestera ; et ici, à la perte sur la quantité, vient se joindre une autre perte très considérable dans la qualité du produit. On sait que l'on obtient dans la rectification de l'alcool quatre produits différents : les huiles de fusel, la tête, la queue et l'alcool bon goût. Le produit de distillation qu'on obtient en premier lieu n'est pas pur ; on le nomme la tête ; puis, vient l'alcool bon goût, après lui la queue et, pour finir, les huiles de fusel. Or si, dans la chaudière de l'appareil, il y a dès le commencement de la rectification une trop forte pression de vapeur, nous obtiendrons une proportion extrêmement élevée de tête, ce qui est déjà très désavantageux, en ce sens qu'il faut la soumettre à une rectification nouvelle. Si, maintenant, pendant que passe l'alcool bon goût, survient subitement un excès de pression de vapeur, ce qu'on ne peut éviter, et si le conducteur de l'appareil ne s'en aperçoit pas, il passera plus ou moins d'huile de fusel avec l'alcool, et la qualité de la marchandise en souffrira notablement ; l'excès de pression de vapeur dans la chaudière de l'appareil à rectifier ne durât-il que trois ou quatre minutes, et même moins, cela suffit pour gâter une grande quantité de produit fin. Enfin, si l'accroissement de pression de vapeur survient peu de temps avant la fin du passage de l'alcool bon goût, il passe naturellement du fusel en quantité ; le conducteur de l'appareil est alors forcé de laisser le reste de la distillation pour la queue, ce qui est une nouvelle cause de dommage.

» On objectera que le conducteur est cependant là, qu'il n'a d'autre tâche que d'observer la marche de l'appareil. Mais que l'on veuille bien considérer qu'un chargement demande ordinairement, pour passer par la rectification, 24 heures ou plus, et si même on relève le conducteur au bout de 12 heures, nous croyons qu'il n'existe pas d'hommes capable de surveiller mécaniquement pendant tout ce temps sans interruption — même pendant la nuit — la marche de l'appareil, alors que, ainsi que nous l'avons vu, il suffit de quelques minutes pour vicier la qualité du produit fin.

» Le conducteur de l'appareil surveille d'ordinaire exactement la marche de l'appareil au commencement et peu de temps avant la fin de l'opération. Pendant le passage de l'alcool bon goût, il ne l'observe que de temps en temps. Généralement un conducteur a à surveiller deux, trois appareils, et même plus, et dans ces conditions, il lui est presque impossible de donner à chaque appareil l'attention voulue, à moins d'avoir un régulateur.

» Pour donner une preuve plus palpable encore de ce que nous venons de dire, nous ajouterons que, à notre connaissance, aucun appareil de rectification dépourvu de régulateur à vapeur ne produit un alcool réellement fin, convenable sous tous les rapports, tandis que, dans toutes les fabriques où l'on produit une marchandise de cette qualité, on se sert d'un régulateur.

» Nous ne voulons pas dire que le régulateur à vapeur soit la cause de la finesse recherchée du produit ; mais il est un des nombreux facteurs qui y conduisent, et nous comptons parler prochainement en détail de ce facteur important, dans l'intérêt même de nos industriels.

» Le régulateur de vapeur a pour but de maintenir une tension toujours uniforme dans le rectificateur ou dans la colonne distillatoire de l'appareil, de sorte que si, par exemple, la vapeur monte dans le générateur et produit ainsi dans le rectificateur ou dans la colonne distillatoire une pression plus forte qu'il n'est nécessaire, l'ouverture à la soupape à vapeur se rétrécit mécaniquement et s'agrandit dans le cas contraire. *Savalle* fut le premier qui reconnut l'importance d'un régulateur à vapeur et aussi le premier qui en ait construit un qui réponde parfaitement au but sans négliger la solidité de construction. »

Voici en outre comment s'est exprimé un homme pratique, M. J. Pezeyre, au sujet du régulateur automatique à vapeur, dans une de ses communications à la Chambre syndicale des distillateurs de Paris :

« Le régulateur est une application des lois de l'hydraulique essentiellement nouvelle, introduite par M. Savalle dans les appareils de distillation. Il a pour effet de régulariser l'emploi de toutes les forces et toutes les fonctions, et de maintenir les phénomènes qui s'accomplissent dans tous les organes de l'appareil dans des conditions de température et de pression constantes et indispensables à l'homogénéité, à la bonté du produit et à la vitesse de son écoulement. On évite ainsi de troubler l'opération par des coups de feu violents, dont on n'est jamais maître avec les appareils ordinaires. *Un appareil de distillation privé de régu-*

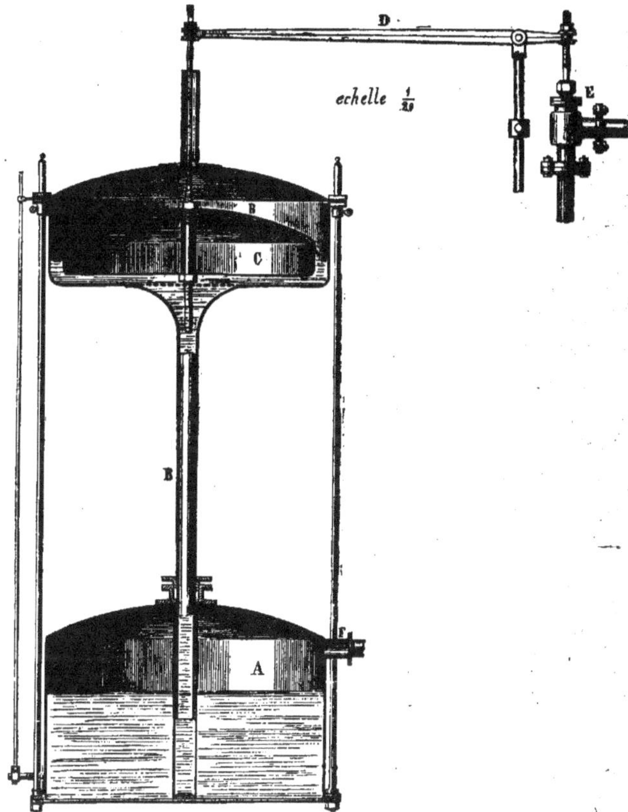

Fig. 4. — Régulateur automatique de chauffage des appareils Savalle.

Fih. 5. — Soupape de vapeur du régulateur.

lateur est comme un navire sans boussole, exposé à toutes les chances d'erreurs et d'accidents. »

Ce régulateur, représenté par la figure 6, est le guide indispensable des appareils, en ce sens qu'il maintient efficacement la pression, la température de la vitesse de circulation des liquides dans les limites les plus favorables au dégagement de l'alcool et à l'élimination des éléments étrangers qui le souillent.

Il a pour organe principal un flotteur C, qui a pour fonction d'ouvrir ou de fermer un robinet de vapeur adapté sur la conduite de chauffage et dont la puissance, augmentée par l'intermédiaire du levier D, atteint 400 kilogrammes, de sorte que ni la poussière ni l'usure du robinet de vapeur ne puissent empêcher son action (les fig. 4 et 5 représentent le régulateur de vapeur avec sa soupape). On verse de l'eau froide dans la chaudière inférieure A, jusqu'au niveau de la tubulure F, par laquelle la pression de vapeur dans l'appareil à régler se transmet au régulateur, par laquelle aussi s'échappe le trop-plein d'eau de la bâche inférieure.

Afin d'assurer toute sécurité au régulateur, l'inventeur a ménagé à A une chambre d'air qui forme matelas entre la vapeur de pression et la couche d'eau ; sous cette pression, l'eau monte par le tube d'ascension B dans la bâche supérieure, soulève à un moment donné le flotteur C, et met en jeu le levier qui ouvre ou ferme la soupape de distribution. Ajoutons que la soupape (fig. 5) est d'une construction toute spéciale ; l'ensemble y est ménagé de telle sorte que la pression se fait équilibre à elle-même, dans une certaine proportion.

Ainsi la soupape, qui a, dans les grands appareils, $0^m,06$ de diamètre, ou une surface de $0^{m2},28$, ne supporte en réalité que sur $0^{m2},02$ la pression de la vapeur, et peut être facilement soulevée par le flotteur. La pratique de chaque jour prouve que ce mécanisme très simple règle la pression à un centimètre d'eau près *(soit à une précision d'un millième d'atmosphère)*. Les appareils qui en sont munis, au nombre de plus de 730, et qui fonctionnent avec une régularité parfaite, produisent un jet continu et abondant d'alcool, à un titre toujours élevé et sensible-

4

Fig. 6 — Ensemble du régulateur de vapeur tel qu'il est livré aujourd'hui par la maison
D. Savalle fils et Cⁱᵉ.

ment constant; ils dispensent, pour la conduite des appareils, d'hommes spéciaux, toujours difficiles à rencontrer dans les campagnes.

Comme pièce à l'appui, nous allons faire connaître où et comment a pris naissance le régulateur qui nous occupe, avec les causes des transformations qu'il a subies.

Ce fut en 1846, à la suite d'un grave accident survenu dans son importante distillerie, que M. A. Savalle père sentit la nécessité d'établir des appareils de sûreté pour empêcher le retour d'explosions semblables à celle dont il venait d'être témoin et dont il avait manqué, avec son jeune fils, M. D. Savalle, d'être victime. La cause de l'accident était l'imprudence d'un ouvrier distillateur, qui, contrairement à la recommandation qui lui avait été faite, avait donné trop de vapeur à la chaudière qu'il nettoyait. Le couvercle de cette dernière, maintenu au moyen du joint à pinces, s'était enlevé, et la force de l'explosion avait été si considérable, que le plancher d'un étage supérieur, quoique fortement chargé, s'était soulevé.

Après cet accident, M. A. Savalle fit appliquer aux chaudières de tous ses rectificateurs *des manomètres à air libre, pour indiquer la pression et servir de guide aux distillateurs.* Ces manomètres servirent pendant plusieurs années à indiquer seulement la pression intérieure des chaudières.

Lorsque M. Savalle père organisa sa distillerie à Saint-Denis (Seine), ses manomètres facilitèrent l'éducation à faire des ouvriers distillateurs; car la plupart de ceux qui se présentaient n'étaient au courant que de l'usage de l'appareil Cail, dont on ne se sert plus aujourd'hui.

M. D. Savalle fils débutait alors dans la carrière de distillateur; il fut pénétré de la nécessité de l'emploi d'un régulateur de vapeur aux appareils distillatoires et créa ce régulateur qui rend aujourd'hui de si grands services. Cet outil, représenté figure 6, a subi déjà plusieurs transformations, et depuis quelques années, la maison Savalle en a fait un instrument véritablement pratique, à l'abri de tous arrêts par insuffisance de soins; aussi s'empresse-t-on partout d'adopter ce dernier système.

§ III. — Nouvelle éprouvette-jauge, système unique.

Parmi les récentes innovations de M. Savalle, l'éprouvette-jauge, dont nous allons entretenir le lecteur, est un des accessoires dont l'importance ne lui échappera pas. Elle s'applique non seulement aux appareils de rectification, mais aussi aux colonnes distillatoires en fonte et en cuivre.

Par sa disposition, elle indique d'une manière exacte la quantité d'alcool que, par heure, peut produire l'appareil, si le travail est fait avec régularité, avantage très important pour les chefs d'usine, qui, de cette manière, contrôlent facilement l'ouvrier chargé de cette opération.

Le principe de sa construction est basé sur l'écoulement différentiel des liquides par un orifice donné, soumis à des pressions différentes ; cette éprouvette a son importance, car elle ajoute aux appareils, déjà si dociles à conduire, un nouveau perfectionnement qui simplifie encore leur surveillance.

La figure 9 représente cette éprouvette, en voici la légende :

B. — Tuyau des alcools arrivant du réfrigérant.
C. — Tubulure en cuivre, munie d'un robinet de dégustation.
D. — Robinet de dégustation.
E. — Éprouvette en cristal, munie de son tube gradué.
F. — Orifice d'écoulement des alcools.
G. — Réservoir de distribution.
K. — Robinet d'écoulement des alcools mauvais goût, adapté à la partie inférieure du réservoir G.
I. — Robinet des alcools secondaires.
J. — Robinet des alcools de bon goût.

Voici maintenant le fonctionnement de l'éprouvette. L'alcool, arrivant du réfrigérant par le tube B, emplit d'abord la tubulure C, autour du tube gradué F, baigne le petit robinet de dégustation D et monte, pour se déverser graduellement par l'orifice d'écoulement pratiqué en F sur le tube gradué. Cet orifice est fixe et se trouve, une fois pour toutes, réglé à la mise en train

de l'appareil. N'ayant qu'une section d'ouverture restreinte, le
jet d'alcool ne.peut y passer en entier sans qu'une pression
l'y oblige.

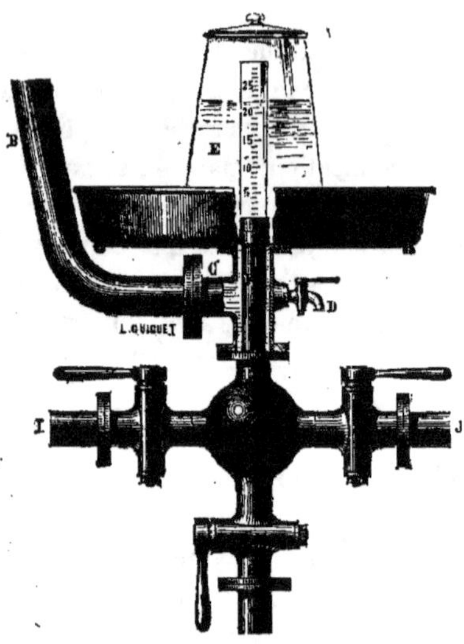

Fig. 7. — Nouvelle éprouvette-jauge, système Savalle.

Le niveau du liquide s'élève alors dans l'éprouvette jusqu'au
point où la pression qu'il opère sur l'orifice d'écoulement devient
assez forte pour faire débiter à l'orifice le volume d'alcool qui
arrive. La nappe du liquide dans l'éprouvette subit ainsi des
variations de niveau constatées par une gradation, dont chaque
division correspond à un volume différent et indique la quantité
de liquide écoulée par heure,

Les alcools se rendent à l'éprouvette dans un réservoir de distribution G, muni de trois robinets. Le robinet K communique
au réservoir qui doit contenir les alcools mauvais goût ; le robinet I sert d'écoulement au réservoir des alcools secondaires ; le
robinet J donne accès aux alcools bon goût. L'on remarquera
que ces trois robinets sont disposés de telle sorte que s'il s'échappait la plus petite quantité d'alcool mauvais goût, à la fin d'une

opération, elle irait tomber au fond de la boule G, pour se rendre de là par le robinet K au réservoir mauvais goût.

Les perfectionnements apportés au travail par cette éprouvette sont réels.

Un seul point reste à indiquer aux distillateurs et rectificateurs qui voudront eux-mêmes régler leur éprouvette. Ce point est le mode de détermination de l'ouverture qu'il faut donner à l'orifice d'écoulement F, pour chaque appareil différent recevant l'application de cette éprouvette.

L'observation indique que pour un débit de 100 litres à l'heure, en admettant la nappe du liquide dans l'éprouvette à la graduation 15 et que l'écoulement se fasse librement, l'orifice de sortie sur le tube gradué représente 28 millimètres carrés ; on calculera facilement, d'après cette donnée, l'ouverture d'écoulement à fixer pour chacun des appareils auxquels on appliquera l'éprouvette.

Cependant cette proportion ne peut servir que d'approximation, par la difficulté qui existe à établir avec précision des orifices d'une si faible dimension.

Il faut donc établir le trou rond dans le tube F d'une section inférieure à cette proportion ; il faut l'agrandir petit à petit pour arriver à la section voulue, sans la dépasser, car ce serait un travail à recommencer.

L'éprouvette ainsi réglée, on voit immédiatement si l'appareil s'emporte ou ralentit : dans le premier cas, le niveau du liquide montera en débordant par le haut du tube F; dans le second, la nappe du liquide descendra de un ou plusieurs chiffres de la graduation.

Pour régler l'éprouvette, il faut tenir compte de deux conditions essentielles. La première exige que le réservoir d'eau de condensation soit toujours plein, et son niveau maintenu constant par un tube trop plein qui fonctionne sans interruption, et cela, afin d'avoir une condensation toujours égale.

La seconde condition demande que le distillateur ouvre le robinet d'eau de condensation exactement au point requis pour le bon fonctionnement de l'appareil.

Nous ferons observer que les effets produits par l'agrandissement de la section d'écoulement de l'alcool ne sont pas immédiats; qu'il faut quelques minutes pour en observer le résultat. Par conséquent, il faut agir petit à petit, et rester au moins vingt minutes à chercher le point de régularité demandée, de manière à se rendre compte des effets de chaque agrandissement de l'ouverture d'écoulement; sans cela on dépasserait le point voulu; dans ce cas, on se verrait forcé de recommencer le travail en bouchant partiellement l'ouverture d'écoulement pratiquée en F.

Nous ferons encore remarquer que la moindre fluctuation qui a lieu dans l'alimentation de l'eau de condensation s'aperçoit immédiatement; même quand elle ne dure qu'un instant, l'éprouvette l'indique et permet aussitôt de porter remède à ce dérangement passager.

La maison Savalle a fait construire depuis peu, par un habile fabricant d'instruments de précision, un nouvel alcoomètre dont la tige restreinte s'adapte avec aisance à la nouvelle éprouvette. Les degrés de son échelle commencent à 70° pour finir à 100, et ces degrés sont indiqués de manière à pouvoir les reconnaître très facilement. Ce nouvel alcoomètre est d'une longueur d'environ 0,^{m}14, tient peu de place et est moins susceptible de se briser.

CHAPITRE SIXIÈME

INSTALLATION D'UNE DISTILLERIE

OPÉRANT PAR LA MACÉRATION.

Pendant bien longtemps on a cherché et expérimenté des installations.

Afin de simplifier le travail des distilleries agricoles et de réaliser une économie notable sur la main-d'œuvre à la macération des betteraves, MM. D. Savalle et Cie ont combiné un montage bien simple, par lequel la betterave se rend mécaniquement dans le coupe-racines et tombe de là, naturellement, dans chaque macérateur. Nous donnons cette installation (fig. 8 et 9).

Voici la légende explicative de ce plan de distillerie agricole ; nous donnons ensuite la mode de travail.

LÉGENDE

A. — Générateur à vapeur.
B. — Machine à vapeur pour l'atelier d'extraction.
C. — Laveur situé dans le magasin à betteraves.
D. — Élévateur montant au coupe-racines les betteraves lavées.
E. — Coupe-racines.

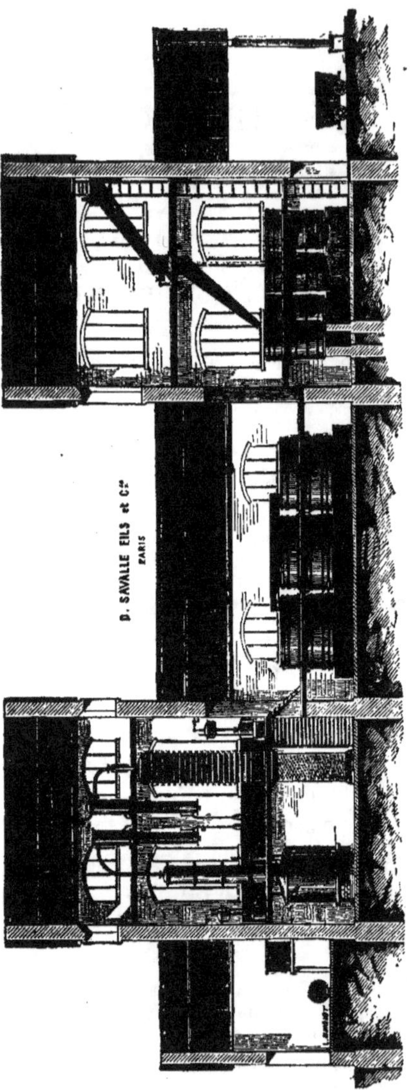

Fig. 8. — Ensemble d'une distillerie agricole travaillant les betteraves par la macération.

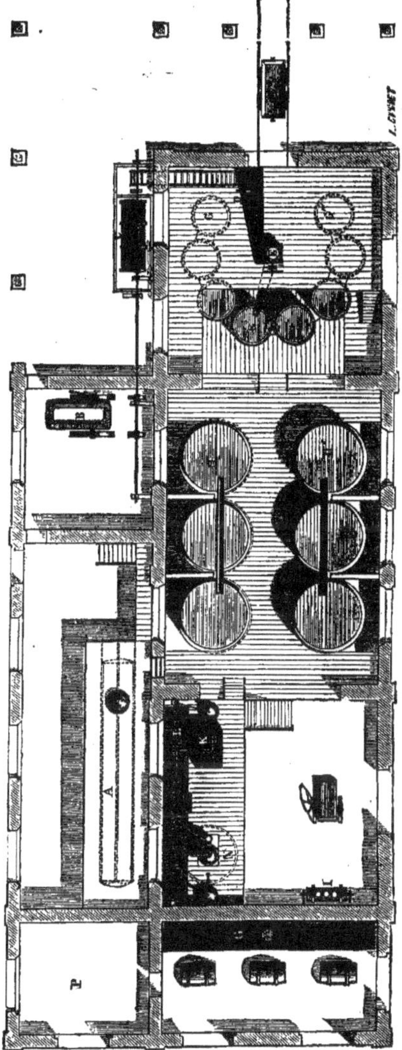

Fig. 9 — Vue en plan de la distillerie agricole marchant par la macération.

F. — Distributeur de cossettes, système Savalle, à mouvement rayonnant, se rendant à volonté dans chacun des macérateurs. Ce distributeur est très simple, coûte très peu à établir et remplace avantageusement les distributeurs compliqués, dispendieux et s'arrêtant toujours, que nous avons vus dans certaines usines.

G. — Cuviers de macération.

H. — Cuves de fermentation.

I. — Pompes à jus fermenté, à eau froide, et d'alimentation pour le générateur, actionnées par un petit moteur spécial indépendant de l'atelier d'extraction des jus.

J. — Réservoir à jus fermenté.

K. — Colonne distillatoire en fonte, rectangulaire, du nouveau système Savalle, semblable en plus petit à celle montée aux Moëres françaises, chez M. René Collette.

L. — Réservoir à flegmes.

M. — Réservoir à eau froide alimentant le rectificateur.

N. — Appareil de rectification.

O. — Réservoir aux alcools bon goût.

P. — Bureau.

§ I. — Macération des betteraves.

Les betteraves lavées en C sont élevées au moyen de la courroie en caoutchouc D dans une rigole qui communique à l'entonnoir du coupe-racines E; réduites en cossettes, elles tombent naturellement dans le distributeur F, et ce dernier, en tournant sur un pivot central, communique la cossette pour charger alternativement chacun des macérateurs G, G′, G″.

On ne pouvait remplacer par un mécanisme plus simple le travail des hommes employés dans les distilleries à mettre la betterave dans le coupe-racines, et à élever ensuite les cossettes pour les jeter à la pelle dans les macérateurs. Outre l'économie de main-d'œuvre, il y a perfection dans le travail, parce qu'elles sont déposées dans les macérateurs avec une légèreté et une régularité que l'ouvrier le plus habile ne saurait atteindre, et que les cossettes restent moins de temps exposées à l'action de l'air. On évite, par l'emploi de ce distributeur, les pelotes de cossettes compactes que la macération n'attaque pas et qui sont perdues pour la distillerie.

La distribution de l'acide étendu se fait par un conduit en caoutchouc qui se rend directement dans la rigole de distribution des cossettes. Ce travail est ainsi simplifié, car dans l'ancienne distribution, il faut un tube et un robinet distributeur à chaque macérateur.

En industrie, l'outillage le plus simple est le meilleur ; cette installation nouvelle du travail de la macération rendra et rend déjà de grands services, en diminuant les frais de fabrication et en augmentant, par sa rapidité, le rendement alcoolique de la betterave.

Les macérateurs G, G', G" sont remplis alternativement de betteraves ; la cossette s'y trouve maintenue entre deux faux fonds en tôle percés de trous. On commence, après avoir chargé un macérateur, à l'emplir de jus faibles provenant d'une précédente opération, ou d'eau chaude, si l'on est au début du travail de la distillerie ; on abandonne alors ce premier macérateur au repos pendant deux à trois heures, pour laisser au liquide le temps de faire la pénétration des cellules de la betterave et de dissoudre le sucre qui y est contenu. Une heure et demie après avoir empli le premier macérateur, on charge de cossettes le second, et ainsi de suite se charge toute la série de G en G.

Quand le premier macérateur a eu ses deux, ou à volonté, trois heures de macération, on alimente du jus faible à sa partie supérieure et le jus à fort degré sort à la partie inférieure du macérateur pour se rendre, par trop-plein, aux cuves de fermentation ; *on alimente ainsi de 4 1/2 à 5 litres de liquide par minute pour chaque mille kilogrammes de betteraves contenues dans le macérateur.* Ce travail dure environ quatre heures et demie, et varie suivant la richesse des betteraves. Pendant ce laps de temps, le degré des jus sortant du macérateur, fort au début, a diminué progressivement et n'est plus que de 1 ou d'une fraction de degré supérieure au degré des sels contenus dans les vinasses : on en est prévenu, en plongeant un densimètre dans un système d'éprouvette que nous ajoutons dans nos montages à chaque macérateur. A ce moment, on met le macérateur en communication avec la pompe à jus faibles et on coule sur le macérateur de la vinasse, en ayant soin de le maintenir toujours plein ; au bout d'une demi-heure de ce coulage, les cossettes sont complètement épuisées. On arrête alors l'alimentation des vinasses sur le macérateur, et on épuise par la pompe tout le liquide qu'il contient, pour pouvoir ouvrir le trou d'homme en fonte et en extraire les cossettes épuisées ou pulpes de betteraves qui sont dirigées vers les étables ou dans les silos. Lr pompe à jus faible en fonctionnant élève ces jus dans un réservoir, d'où ils sont envoyés au macérateur suivant.

Dans beaucoup d'usines on envoie les jus faibles, sortant d'un macérateur directement sur les cossettes d'un macérateur suivant ; cette manière d'opérer est bonne et diminue le travail de la pompe à jus faible.

Il est très essentiel, pour obtenir un bon travail, d'avoir un nombre de macérateurs assez grand, de manière à pouvoir envoyer à la fermentation constamment une moyenne des jus, qui ne soit ni trop faible et trop chaude, ni trop riche et trop froide ce qui arrive toujours lorsqu'on n'emploie que trois macérateurs. Il est important aussi de bien veiller à la dimension des cossettes de betteraves fournies par le coupe-racines ; elles doivent être pour le bien d'environ deux millimètres seulement d'épaisseur.

Pour clore ces renseignements relatifs à la macération, nous donnerons ici ceux qui nous ont été fournis dans le temps par l'une des personnes à qui nous avions vu pratiquer la macération avec le plus de perfection et sur la plus grande échelle, M. J. Pezeyre, autrefois directeur de la distillerie de M. Félix Dehaynin, aux Corbins.

Les macérateurs dans cette usine étaient au nombre de huit ; ils se chargeaient chacun de 3,000 kilogrammes de cossettes de betteraves. On passait sur chaque macérateur : d'abord, pendant cinq heures, 4,000 litres de jus faible *(ce qui représente bien, comme nous l'avons dit précédemment, environ quatre litres et demi par minute par chaque mille kilogrammes de betteraves contenues dans le macérateur).*

Les jus forts produits pendant cette première période étaient envoyés à la fermentation *(ce qui représente par kilogramme de betteraves, 1 litre 333 centimètres cubes de liquides employés comme extraction de jus)*. Puis, dans la seconde période, on coulait pendant une heure sur chaque macérateur, pour l'épuiser complètement, 4,000 litres de vinasses, qui étaient repris par la pompe à jus faible et se trouvaient élevés dans un réservoir pour servir à d'autres macérations.

On coulait donc dans cette usine des jus faibles sur cinq macérateurs, dont le produit alimentait la fermentation ; un macérateur se vidait complètement de vinasses par la pompe, un autre se vidait de pulpes et le dernier se remplissait à nouveau de cossettes fraîches.

La *fermentation des jus* de betteraves s'opérait, aux Corbins, avec une grande perfection ; la température des jus envoyés pour alimenter à continu les cuves y variait de 18° à 22° et ces jus étaient dosés à 3 millièmes d'acide sulfurique pour une richesse de 3 degrés au densimètre.

La fermentation s'opère à continu dans les cuves H, c'est-à-dire qu'on met en fermentation une première cuve au moyen de la levure de bière, et que pour les suivantes on prend toujours du liquide d'une cuve en fermentation (soit la moitié ou le tiers de cette cuve), que l'on fait passer dans la cuve à emplir ; puis on alimente à continu sur cette cuve, et également sur celle dont on a pris une partie, les jus venant de la macération ; toutes les cuves se font ainsi à la suite, en empruntant du liquide en fermentation de la précédente, et le travail s'exécute pendant des mois sans employer de levure de bière.

Les jus fermentés sont distillés dans la colonne distillatoire rectangulaire K, système Savalle, qui envoie les alcools bruts dans le réservoir en tôle, et qui retourne à la macération ses vinasses chaudes épuisées. Le rectificateur N sépare de l'alcool brut les éthers et les huiles essentielles, et le produit achevé à l'état d'alcool fin, livrable au commerce, se rend dans le réservoir en tôle O, où il se trouve emmagasiné à l'abri de tout coulage et de l'évaporation jusqu'au moment de son expédition.

§ II. — Devis approximatif du matériel d'une distillerie traitant par jour 20,000 kil. de betteraves, et livrant au commerce ses produits rectifiés à l'état de 3/6 fin à 96 et 97 degrés.

1° Force motrice :

Un générateur de vapeur de 20 chevaux, muni de ses accessoires, environ. . . . . Fr. 4.330 »

2° Moteur :

Une machine à vapeur de 5 chevaux . . . .   2.200 »

3° Pompes :

Groupe de 3 pompes pour eau froide, jus faibles et jus fermentés.   850 »

Une pompe alimentaire. . . . .   850 »

Transmission de mouvement (1 fr. le kil.) environ . .   1.500 »

4° Distillation des jus fermentés :

Une colonne distillatoire rectangulaire en fonte, avec satellites en cuivre. . . . .   6.100 »

5° Rectification des alcools :

Un rectificateur n° 2, nouveau système à chaudière tôle.   6.400 »

6° Réservoirs en tôle :

Un pour les alcools bruts, contenant 40 hectol., poids . . . .   800 kilog.

Un pour les alcools rectifiés, contenant 40 hectol., poids   800

Un pour les mauvais goûts, contenant 25 hectol., poids   570

Un pour les jus faibles, contenant 25 hectol., poids   375

Un pour l'eau froide, contenant 15 hectol., poids   250

Un pour les jus fermentés, contenant 15 hectol., poids   250

Un pour l'eau chaude, contenant 15 hectol., poids   250
                                           ____
                                    3 295 kilog.   1.900 »
                                           ____

A reporter. . . . . . Fr.   24.100 »

Report. . . . . Fr.   24.100 »

7° Macération :

Un laveur de betteraves	350
Six macérateurs en bois.	840
Six portes en fonte pour macérateurs.	240
Douze fonds percés pour macérateurs, 500 kilog..	
à 1 fr..	500
Une cuve à vinasse.	300
Un coupe-racines	350

                                       2.500 »

8° Fermentation :

Quatre cuves de 110 hectol. chacune . . . .   1.320 »

9° Tuyauterie et robinetterie de l'usine :

Cuivre, bronze, fonte de fer, environ. . . . .   2.500 »

Matériel complet : Total (1). Fr.   30.420 »

§ III. — **Devis approximatif du matériel d'une distillerie travaillant par jour 35,000 kilog. de betteraves, et livrant au commerce ses produits rectifiés à l'état de 3/6 fin à 96 et 97 degrés centésimaux.**

1° Force motrice :

Un générateur de 30 chevaux, muni de ses accessoires, environ. . . . . .Fr.   5.500 »

2° Moteur :

Machine à vapeur de 5 à 6 chevaux . . . .   2.400 »

3° Pompes :

Une pour les jus fermentés	
Une à eau froide.	
Une d'alimentation du générateur	
Une à jus faible	

                                       2.500 »

Transmission de mouvement, à 1 fr. le kilog . . . .   1.500 »

A reporter. . . Fr.   11.900 »

---

(1) Soit environ 1,500 francs par mille kilog. de betteraves travaillées par jour.

Report. . . Fr.   11.900   »

4° Distillation des vins :

Une colonne distillatoire rectangulaire en fonte, avec
   satellites en cuivre n° 3 . . . .   7.000   »

5° Rectification des alcools bruts :

Un rectificateur n° 3, nouveau système, à chaudière en
   tôle . . . .   10.700   »

6° Réservoirs en tôle :

Un pour les alcools bruts de 100 hectol., poids	1.850 kilog.	
Un pour les alcools rectifiés, de 50 hectol.	1.030	
Un pour les jus faibles de 25 hectol. .	570	
Un pour l'eau froide de 25 hectol. . . .	570	
Un pour l'eau chaude de 25 hectol. . . .	525	
	4.545 kilog.	

Environ . . . .   2.500   »

7° Macération :

Un laveur à betteraves. . . . . Fr.   450 ⎫
Huit macérateurs en bois. . . . . 1.240 ⎪
Huit portes en fonte pour macérateurs . . .   400 ⎪
Seize fonds percés, 750 kilog. à 1 fr. . . .   750 ⎬   3.540   »
Une cuve à vinasses. . . . .   300 ⎪
Un coupe-racines . . . .   400 ⎭

8° Fermentation :

Six cuves en bois de 100 hectolitres chacune . . . .   2.500   »

9° La tuyauterie et robinetterie de l'usine :

variant suivant la disposition des locaux. . . . . .   3.500   »

Matériel complet : Total (1). . Fr.   41.640   »

Il ressort des devis qui précèdent que plus le travail des distilleries est important, moins le matériel coûte en proportion.

____

(1) Soit environ 1,190 francs par 1,000 kilogrammes de betteraves travaillées par
24 heures.

Ainsi, pour un travail de 20,000 kilog. de betteraves la moyenne ae la dépense par 1.000 kilog. est de 1.500 francs, tandis qu'elle n'est que de 1,190 francs quand le travail de l'usine s'élève à 35.000 kilog. de betteraves par vingt-quatre heures.

Il y a donc avantage à établir des distilleries d'une certaine importance, d'abord sous le rapport du prix du matériel; ensuite sous le rapport de la rapidité du travail, qui fait qu'on traite les betteraves en un nombre de jours moins grand.

CHAPITRE SEPTIÈME

INSTALLATION D'UNE DISTILLERIE

OPÉRANT PAR LES RAPES ET LES PRESSES CONTINUES

Nous avons, dans le chapitre précédent, parlé des distilleries pour les exploitations agricoles de moyenne importance; nous traiterons, dans celui-ci, des distilleries à installer dans les grandes exploitations agricoles, ou à établir dans les centres de plusieurs fermes, pour travailler les betteraves de celles-ci, et y retourner les pulpes produites dans l'usine.

Pour opérer plus en grand, il devient difficile d'employer le système de la macération des betteraves, à cause de la difficulté et des frais nécessités par le transport des pulpes qui retiennent, par ce système, une proportion de liquide considérable.

Aussi quand le travail à réaliser dépasse 40,000 kilog. en betteraves par vingt-quatre heures, nous engageons les distillateurs à employer le système des presses continues, il y a déjà bon nombre de distilleries qui opèrent, par jour, sur 40 à 50,000 kilog. de racines; d'autres travaillent 100,000 kilog. Le travail est de 200,000 kilog. de betteraves par vingt-quatre heures dans quelques-unes.

Voici la légende explicative des figures 10 et 11 :

A. — Local des générateurs.
B. —   »   de la machine et des pompes à eau et à jus fermenté.
C. —   »   pour les betteraves et laveur.
D. —   »   des presses continues.
E, —   »   des cuves de fermentation.
F. —   »   des appareils de distillation et de rectification des alcools.
G. —   »   des réservoirs en tôle pour loger les alcools fins rectifiés à 90°.

Fig. 10. — Ensemble d'une distillerie agricole travaillant par le système des presses continues.

Fig. 11. — Vue en plan d'une distillerie marchant par les presses continues.

§ I. — Devis approximatif du matériel d'une distillerie travaillant par jour 40,000 kilog. de betteraves par les presses continues.

1° Force motrice :

Deux générateurs de vapeur de 30 chevaux chacun, munis de leurs accessoires, ensemble, environ . . . .   11.000 »

2° Moteurs :

Une machine à vapeur de 18 chevaux pour l'atelier d'extraction des jus. . . . .   6.000 »

Une machine de 6 chevaux pour actionner les pompes.   2.400 »

3° Extraction des jus :

Un laveur-épierreur. . . . . Fr.	1.620	
Une râpe centrifuge avec tambour de rechange.	2.300	
Un bac à pulpes, en fonte.	200	
Deux presses continues.	8.000	
Un bac à eau acidulée.	100	18.670 »
Deux tamiseurs de pulpes folles	750	
Deux pompes à pulpes.	3.000	
Transmissions consistant en arbres, chaises, engrenages, poulies, environ	2.700	

4° Pompes :

Une pompe à eau . . . .

Une pompe à jus fermenté . . . .   2.500 »

Deux pompes alimentaires. . . . .

Transmissions de mouvements à 1 franc le kilog . . .   1.500 »

5° Distillation des jus :

Une colonne distillatoire en fonte de fer n° 4, avec satellites en cuivre. . . . .   8.000 »

6° Rectification des alcools :

Un rectificateur n° 3, nouveau système, avec chaudière en tôle. . . . .   10.700 »

A reporter . . . Fr.   60.770 »

Report. . . . Fr.   60.770   »

7° Réservoirs en tôle :

Un de 100 hectolitres pour les alcools bruts;
Un de 50   —   pour les alcools rectifiés ;
Un de 25   —   pour l'eau froide;
Un de 25   —   pour l'eau chaude;
Poids ensemble, environ 4,000 kilog. . . . .   2.000   »

8° Fermentation :

Six cuves en bois de 140 hectolitres chacune environ. .   2.800   »

9° Tuyauterie et robinetterie :

Variant suivant les locaux de l'usine. . . . . :   3.500   »

Matériel complet, environ. . . . . Fr.   69.070   »

CHAPITRE HUITIÈME

LES APPAREILS D'ESSAIS ET LE CONTROLE DU TRAVAIL

L'essai des matières premières des produits et des résidus de la distillation est indispensable dans toute distillerie bien conduite, c'est pourquoi les indications qui suivent sont d'un grand intérêt pour le distillateur.

§ I. — Essais des Vinasses et des Moûts

La distillation continue, inventée par Cellier-Blumental et mise en pratique la première fois par M. Amand Savalle, réalise un grand progrès par la rapidité du travail et l'économie de combustible. Mais, à côté de ces avantages qui sont réels, cette opération a laissé une défectuosité qui, sans importance pour les petites usines, en a une très grande pour celles qui opèrent en grand, et ce sont elles qui, aujourd'hui, sont les plus nombreuses. Les anciennes colonnes ont le défaut de perdre beaucoup d'alcool dans les vinasses.

Les distillateurs du Nord se servent généralement du rectificateur perfectionné du système Savalle ; mais un certain nombre de fabricants, persuadés que les anciennes colonnes leur suffisaient, ont à tort attaché une importance secondaire au système de leurs colonnes distillatoires. Un nouvel appareil d'épreuve des vinasses, imaginé par M. D. Savalle, donne aux distillateurs la preuve matérielle de la perte d'alcool qu'ils subissent par leurs colonnes défectueuses.

On se servait, pour éprouver les vinasses, d'un serpentin d'épreuve, où se condensaient les vapeurs sortant des vinasses, ou encore l'on prenait une petite quantité de vinasses, que l'on distillait dans un alambic. L'une et l'autre de ces expériences sont imparfaites. En effet, par le nouvel appareil d'essai, là où l'on ne trouvait aucune trace d'alcool, on est arrivé à produire, dans des distilleries aux environs de Lille, des flegmes de 7 et 8 degrés centésimaux. Plusieurs distillateurs ont acquis la certitude qu'ils perdaient de 3 à 4 0/0 d'alcool dans les vinasses.

La figure 12 représente la disposition de cet appareil.

a. Fourneau contenant sa chaudière.

b. Colonne pour enrichir et analyser les vapeurs de la distillation.

c. Analyseur à eau.

d. Réfrigérant.

e. Éprouvette graduée pour recevoir le produit.

g. Manomètre.

h. Conduite d'arrivée du gaz destiné au chauffage.

Voici la manière d'employer cet appareil :

On introduit 10 litres de vinasse dans la chaudière *a* par une ouverture ménagée à cet effet sur le couvercle de la chaudière. On met de l'eau froide dans le manomètre *g*, dans l'analyseur *c* et dans le réfrigérant *d*; puis on allume le gaz de chauffage. Le liquide contenu en *a* se met en ébullition ; les vapeurs traversent la colonne *b* et viennent se condenser en *e* d'où elles retournent à l'état liquide charger les dix plateaux de la colonne *b*. A mesure que ces plateaux se garnissent, la pression monte au manomètre *g*, et cette pression varie de 20 à 25 centimètres pendant le cours de l'opération.

Après quelques instants de distillation intérieure, l'eau se trouve chaude en *c*, et alors les vapeurs les plus riches en alcool passent à la distillation, en se condensant dans le réfrigérant *d*, et s'écoulent dans l'éprouvette graduée *e*.

Le volume du produit obtenu dépend de la teneur alcoolique du liquide soumis à l'épreuve. Si l'on opère sur des vinasses, un produit de 100 centimètres cubes, par exemple, sera l'alcool contenu dans les 10 litres sur lesquels on opère. On peut ainsi retrouver facilement un centimètre cube d'alcool dans dix mille centimètres cubes de vinasses : la précision de l'appareil est donc de 1/10,000^{me}.

MM. D. Savalle établissent aussi un appareil, *à épreuve continue*, et l'appliquent alors directement à la sortie des vinasses des colonnes distillatoires. La figure 13 donne cette disposition, qui fonctionne entre autres chez MM. Springer et Cie, à Maisons-Alfort, dans le Nord, à Courrières, chez MM. Tilloy-Delaune et Cie, à Marquette, chez MM. Lesaffre et Bonduelle, et chez M. Louis Porion, à Saint-André-lès-Lille.

Un jet de vapeurs sortant des vinasses alimente en ce cas l'appareil par le robinet *g* et les liquides provenant de l'entraînement des vinasses et de la condensation s'écoulent par le siphon renversé *i*; — pour obtenir une épreuve exacte, il est essentiel de régler l'eau de condensation de manière à ne couler par heure à l'éprouvette *f* que de *un* à *deux* litres de produits.

Plusieurs distilleries ont acquis par cette expérience la preuve qu'elles perdaient beaucoup d'alcool; aussi se sont-elles décidées à remplacer leurs appareils distillatoires anciens, dont le travail est plus ou moins défectueux, par l'appareil rectangulaire de la maison Savalle.

Le nouvel appareil d'épreuve Savalle est très utile aussi pour se rendre compte de la richesse alcoolique des vins et des fermentations en général. On s'en sert encore pour opérer en petit sur une petite quantité de matière première, afin d'apprécier ainsi ce que celle-ci peut rendre d'alcool.

Cet appareil se distingue des autres appareils d'essai, qui ne sont pour la plupart que des alambics primitifs de petite dimension, en ce que le produit alcoolique obtenu est très concentré, et facile à peser exactement à l'aréomètre. Ainsi, lorsqu'on opère sur un vin riche à 8 0/0 d'alcool, les premiers produits obtenus titrent 93 et 94 degrés, et la moyenne est à 75 degrés. Si l'on opère sur une matière contenant 2 0/0 d'alcool, la moyenne des produits est à 50 degrés.

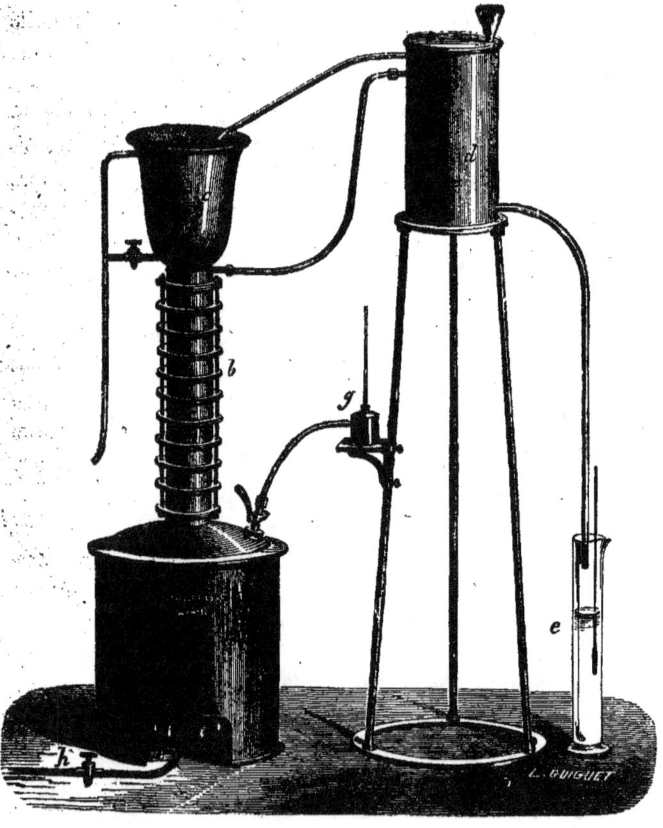

Fig. 12.—Nouvel appareil pour déterminer la teneur alcoolique des vinasses et la perte d'alcool éprouvée par l'emploi des colonnes distillatoires défectueuses.

Nous engageons fortement les fabricants distillateurs à se procurer cet appareil pour leur laboratoire; ils contrôleront ainsi leur travail et s'éviteront des pertes d'argent qui peuvent être considérables.

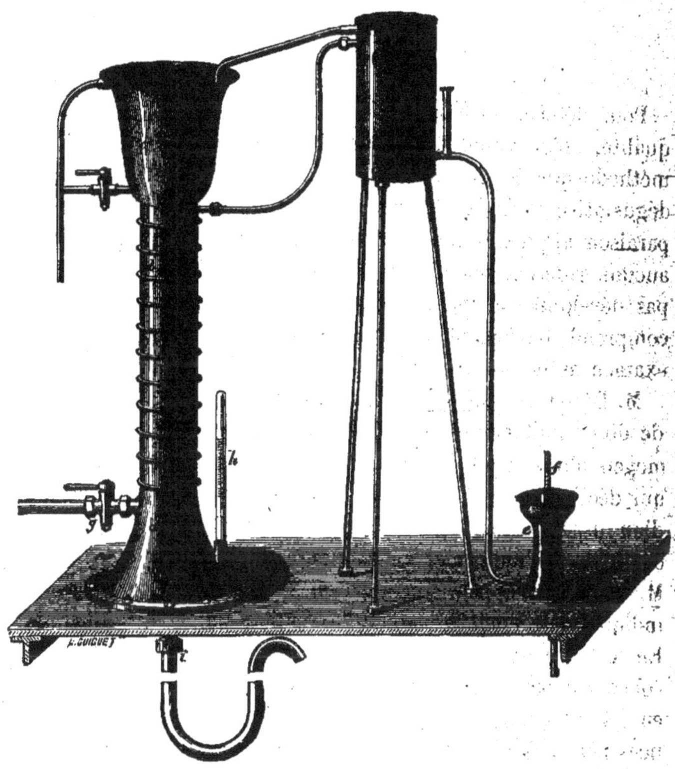

Fig. 13. — Appareil à épreuve continue des vinasses.

§ II. — Essais des alcools.

LE DIAPHANOMÈTRE

Pour déterminer le degré de pureté de l'alcool, c'est-à-dire sa qualité, objet essentiel à connaître, on n'avait jusqu'ici d'autre méthode que le dédoublement avec de l'eau et l'appréciation dégustative, fournissant, par tâtonnements, des termes de comparaison approximatifs, soumis à l'erreur, à la critique et n'ayant aucune sanction scientifique. En effet, le goût et l'odorat ne sont pas développés au même point chez tous les individus, et l'on comprend facilement les divergences d'opinion au sujet d'un examen assis sur une base aussi fragile.

M. Désiré Savalle a comblé cette lacune en trouvant le moyen de doser mathématiquement le degré de pureté de l'alcool, au moyen d'une méthode rationnelle et par un réactif chimique qui décèle les impuretés : de plus, il a composé un nécessaire d'un usage commode et prompt, destiné à rendre des services continus à l'industrie, au commerce et à l'hygiène publique, M. Savalle a appelé son appareil *Diaphanomètre*, expression qui indique clairement le mode d'exécution adopté et le but atteint, En effet, c'est par le degré de transparence : la *diaphanéité*, conservée par l'alcool soumis à l'action du réactif, qui dénonce, en les colorant, les plus petites parties d'impuretés non éliminées par la fabrication, qu'il indique sans hésiter la qualité du produit.

A l'aide du procédé que nous allons décrire, il n'y a plus de surprises ni de discussions sur le degré de pureté de l'alcool.

Le producteur titre son produit et le vend en conséquence. L'acheteur, de son côté, vérifie la valeur de ce qu'on lui fournit, et refuse les alcools impurs qui ne conviennent pas aux préparations délicates. Enfin, la consommation n'a plus à redouter les graves inconvénients résultant de l'assimilation dangereuse de produits impurs, car le raffinage des alcools deviendra forcément de plus en plus parfait, le fabricant devant désormais extraire complètement les éthers et les huiles essentielles, qui sont des poisons pour l'organisme.

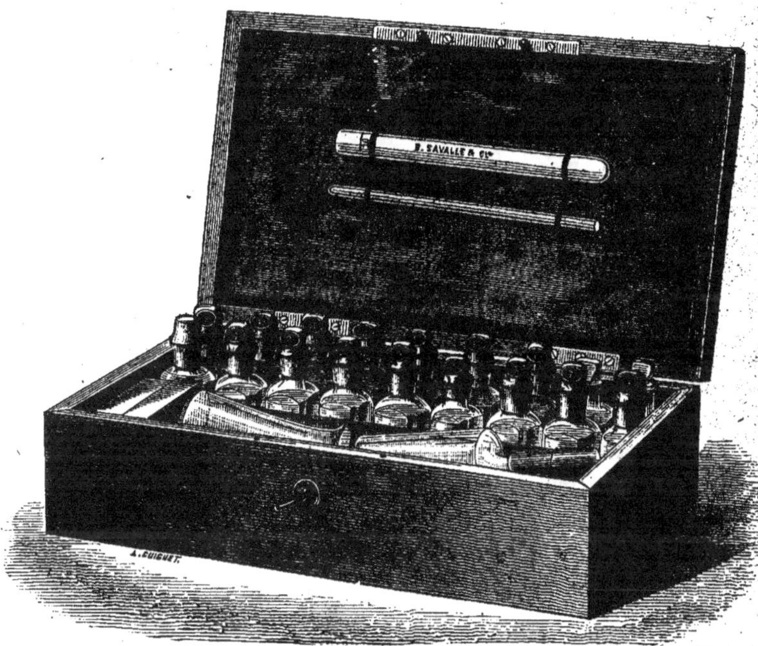

Fig. 14. — Ensemble du Diaphanomètre.

L'opération est très simple, à la portée de chacun. Le nécessaire diaphanométrique est renfermé dans une boîte en chêne.

Il se compose d'une série de types, au nombre de dix, qui sont établis avec la plus grande précision. Ces types servent d'étalons pour la comparaison à faire avec le produit soumis à l'essai.

Fig. 15. — Opération par la chaleur.

Les numéros de 1 à 10 forment une gamme de teintes progressivement colorées, qui décèlent, par des nuances de plus en plus foncées, la quantité des impuretés. Pour atteindre ce but, ces types sont chargés eux-mêmes de ... à ... d'impuretés ; de plus, ils sont mélangés au réactif chimique, qui a la propriété de teindre l'alcool selon la quantité de souillures qu'il contient.

Ces dix flacons sont cachetés et ne doivent jamais être débouchés. Ils constituent une échelle ascendante de couleurs qui forment la base des termes de comparaison à faire.

On opère comme il suit pour l'alcool à essayer. Au moyen du tube gradué A, on mesure dix centimètres cubes de l'alcool à vérifier et on les verse dans un matras B. On y ajoute une quantité égale du réactif qui se trouve dans un flacon spécial ; puis on chauffe le mélange sur la flamme d'une lampe à alcool, en ayant soin de l'agiter constamment. Une minute suffit à porter le liquide à l'ébullition ; aussitôt le premier bouillon jeté, on arrête le chauffage, puis on verse le tout dans une des bouteilles vides qui se trouvent dans le nécessaire, afin de pouvoir faire la comparaison de la nuance produite avec celle de l'un des types ; celui qui donne l'intensité de la couleur du mélange obtenu indiquera le degré d'impureté.

Il est inutile d'insister davantage sur le service rendu par le diaphanomètre à la santé publique, qu'il faut sans cesse préserver des produits défectueux. Mais il est bon d'appeler l'attention des fabricants et des négociants sur la propagation d'une méthode dont l'application entraînera certainement à fixer le prix de l'alcool d'après le degré de pureté réelle constaté à l'aide de la méthode diaphanométrique.

Voici, à cet effet, un tableau qui présente comparativement le degré de pureté et le prix, en majoration ou en déduction sur les cours de la Bourse.

Valeurs des alcools.

Le type nº 0, alcool parfaitement incolore à l'épreuve, 20 fr. au-dessus du cou[rs]
»   1,   »   légèrement teinté   15   »
»   2,   »   plus   »   10   »
»   3,   »   encore plus   »   »   5   »
»   4, Type déposé à la Bourse pour fixer la qualité passant en livrai[son]
»   5, alcool. . . . . à   3 fr. au-dessous du cours.
»   6,   »   . . . . à   6   »
»   7,   »   . . . . à   9   »
»   8,   »   . . . . à   12   »

M. Savalle a, dans ces derniers temps, perfectionné le diaphanomètre, en remplaçant les flacons servant de types par des lames en verre établies avec une très grande précision. — La diaphanéité de chacune de ces lames correspond à celles des types remplacés, et sert à établir le point de comparaison.

Le diaphanomètre s'applique aux alcools du Midi comme à ceux du Nord ; il sert encore à connaître le degré de pureté des eaux-de-vie.

En effet, si l'alcool de vin du Midi, sans mélange d'alcool d'industrie, contient $\frac{40}{10.000}$ d'éther et d'huile œnanthique, c'est-à-dire

Fig. 16. — Types nouveaux du diaphanomètre.

d'essence de vin, il est exempt de mélange d'alcool d'industrie. Mais si l'alcool de vin se trouve additionné de moitié d'alcool d'industrie, qui titre $\frac{2}{10.000}$ d'impuretés, le mélange n'indiquera plus que $\frac{21}{10.000}$ au lieu de $\frac{40}{10.000}$. Si le même produit est additionné des deux tiers d'alcool industriel, il n'indiquera plus que $\frac{13}{10.000}$ d'essence de vin. Dans ce cas il y a, outre la densité de couleur obtenue par le réactif, une autre indication précieuse : les essences de vins mélangées au réactif produisent une teinte bien définie, toute différente de celle obtenue par l'alcool d'industrie impur.

Il en est de même pour les eaux-de-vie, dont chaque espèce contient assez régulièrement la même quantité d'essence œnanthique. Ce titre varie avec le mode de distillation employé; mais comme les méthodes distillatoires et le degré du produit sont les mêmes pour chaque espèce d'eau-de-vie, il en résulte que les espèces varient peu comme dosage aromatique.

Lorsqu'on opère sur l'alcool de vin qui contient environ $\frac{40}{10.000}$ d'essences, il faut mélanger cet alcool par quart dans de l'alcool d'industrie, qui note blanc à l'essai diaphanométrique, et opérer sur ce mélange. On multipliera alors par quatre le nombre de degrés d'essence indiqués par l'opération.

Pour agir sur des eaux-de-vie, il faudra d'abord en distiller une partie et opérer cette distillation d'une façon complète, c'est-à-dire ne rien laisser dans la chaudière de l'alambic après la

6

distillation; et pour de l'eau-de-vie à 50 degrés, le coéfficient d'essences obtenues sera à multiplier par deux.

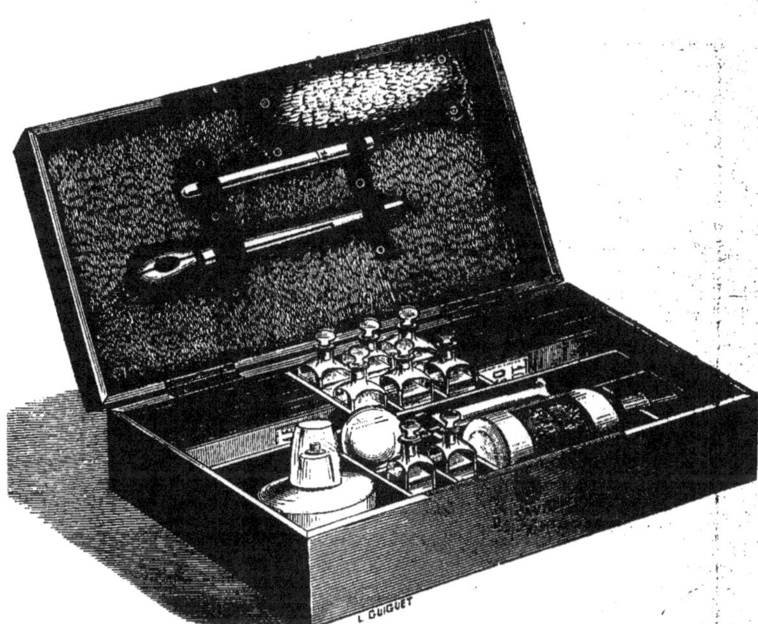

Fig. 17. — Nouveau diaphanomètre avec type en lames de verre.

La boîte contient les types, le réactif, les flacons, les appareils et les instructions indispensables pour les essais; elle ferme à clé.

Le réactif est corrosif, et il y aurait du danger de le porter à la bouche.

Le nécessaire ainsi composé est transportable à la main et peut servir dans tous les pays.

Il coûte 150 francs chez MM. D. Savalle fils et Cie, avenue du Bois-de-Boulogne, 64, à Paris.

Alcools bruts soumis au diaphanomètre.

PROVENANCE	DEGRÉ RÉEL DE L'ALCOOL BRUT SOUMIS A L'ÉPREUVE	IMPURETÉS INDIQUÉES AU DIAPHANOMÈTRE		TEINTE OBTENUE PAR LE DIAPHANOMÈTRE
		POUR LE DEGRÉ DE L'ALCOOL CI-CONTRE	LITRES D'IMPURETÉS SUR 1,000 LITRES D'ALCOOL RAMENÉS A 100 DEGRÉS	
Alcool de maïs obtenu par les acides à Aubervilliers.	85°	10	1 litre, 176	Brune-orange
Alcool de grains de Schiedam.	46°	6	1 litre, 305	Rosée.
Alcool de mélasses provenant de Soustick, Russie	50°	6	1 litre, 200	Jaune, teinte des types
Alcool de pommes de terre de Reimersholm, près Stockholm, passé aux filtres à charbons de bois.	46°	6	1 litre, 305	Jaune, teinte des types.
Le même alcool que le précédent, mais auquel on a ajouté des huiles essentielles.	46°	8	1 litre, 739	Teinte orange foncée.
Flegmes de grains provenant de l'usine de Maisons-Alfort.	40°	3	0 litre, 750	Jaune, teinte des types.
Flegmes de mélasse de betteraves de l'usine d'Aubervilliers.	60°	8	1 litre, 733	Jaune, teinte des types.

§ III — Le contrôle du travail dans les distilleries de betteraves.

Voici comment s'exprime un auteur d'une grande autorité, M. Brien, sur le contrôle du travail dans les distilleries de betteraves :

En l'absence d'un contrôle, il ne peut être question d'une appréciation de la qualité du travail, ni de la découverte d'erreurs, ni de l'amélioration du travail, ni enfin de l'augmentation du rendement en alcool des matières premières employées. Une surveillance minutieuse du travail, l'examen des matières premières employées, l'appréciation de la qualité, permettent cependant d'établir ce contrôle, et comme l'existence de la distillerie en dépend, il est indispensable que le propre travail soit soumis au contrôle.

Un distillateur qui se pose comme capable, ne doit jamais se contenter du rendement moyen ; il doit arriver au maximun, mais il ne peut y parvenir qu'à la condition de connaître les moyens d'exercer le contrôle.

On aurait tort de croire qu'une connaissance limitée de la chimie serait une entrave à la mise en œuvre des moyens que nous expliquons ci-après pour atteindre ce but.

Tout distillateur intelligent peut être mis au courant en peu de temps des recherches usuelles dans les distilleries de betteraves et la dépense à faire ne doit pas l'effrayer.

Dans la distillerie de betteraves, l'examen doit porter sur les articles suivants : l'acide sulfurique du commerce, la levure d'origine étrangère, le jus du vaisseau collecteur par rapport à l'acidité, les vinasses, la betterave même et les pulpes de betteraves.

a) L'ACIDE SULFURIQUE

L'analyse de l'acide sulfurique est bien la plus simple de toutes celles qui sont à faire, car il est tellement pur et les impuretés qui s'y présentent ont si peu d'importance pour la distillerie que l'analyse ne porte plus que sur la concentration garantie par le vendeur (60 ou 66° Baumé).

L'analyse doit être faite, d'une part, pour prévenir la fraude quant à la valeur de l'article et, d'autre part et principalement, pour se garantir du mécompte qu'on peut éprouver dans la fermentation en employant la quantité d'acide déterminée une fois pour toutes, sans s'apercevoir d'une diminution de la concentration.

Il suffit de se rappeler que l'acide sulfurique, 60° B., contient en 100 kilogrammes 63 kilogrammes d'acide sulfurique anhydre S. O. 3, tandis qu'à 66° B. il en contient 81 kilogrammes. Si on a déterminé la quantité nécessaire pour 50 kilogrammes de betteraves à 200 grammes de 66° B., et qu'on reçoit de l'acide de seulement 60° B., les 200 grammes ne contiennent pas 260 grammes de S. O. 3 mais seulement 126 grammes.

Comme l'acide sulfurique brut du commerce doit être considéré comme une dilution, l'analyse ne présente aucune difficulté. On verse l'acide sulfurique dans un verre cylindrique, et on y plonge le densimètre de Baumé. sur l'échelle duquel on lit la concentration. Une détermination plus précise et se prêtant mieux à d'autres calculs est celle faite à l'aide de l'aréomètre ; son indication du poids spécifique est convertie en degrés de concentration, d'après un tableau comme celui ci-après, ainsi établi afin de pouvoir déterminer également la teneur d'un acide fortement dilué.

POIDS SPÉCIFIQUE DE L'ACIDE SULFURIQUE A 15° C. SUIVANT KOLB

Degrés Baumé	Poids spécifique	S. O. 3 en p. c.	Degrés Baumé	Poids spécifique	S. O. 3 en p. c.
1	1.007	1.5	34	1.308	32.3
2	1.014	2.3	35	1.320	33.8
3	1.022	3.1	36	1.332	35.1
4	1.029	3.9	37	1.345	36.2
5	1.037	4.7	38	1.357	37.2
6	1.045	5.6	39	1.370	38.3
7	1.052	6.4	40	1.383	39.5
8	1.060	7.2	41	1.397	40.7
9	1.067	8.0	42	1.410	41.8
10	1.075	8.8	43	1.424	42.9
11	1.083	9.7	44	1.438	44.1
12	1.091	10 6	45	1.453	45.2
13	1.100	11.5	46	1.468	46.4
14	1.108	12.4	47	1.483	47.6
15	1.116	13.2	48	1.498	48.7
16	1.125	14.1	49	1.514	49.8
17	1.134	15.1	50	1.530	51.0
18	1.142	16.0	51	1.540	52.2
19	1.152	17.0	52	1.563	53.5
20	1.162	18.0	53	1.580	54.9
21	1.171	19.0	54	1.597	56.0
22	1.180	20.0	55	1.615	57.4
23	1.190	21.1	56	1.634	58.4
24	1.200	22.1	57	1.652	59.7
25	1.210	23.2	58	1.672	61.0
26	1.220	24.2	59	1.691	62.4
27	1.231	25.3	60	1.711	63.8
28	1.244	26.3	61	1.732	65.2
29	1.252	27.3	62	1.753	66.7
30	1.263	28.3	63	1.774	68.7
31	1.274	29.4	64	1.796	70.6
32	1.285	30.5	65	1.819	73.2
33	1.297	31.7	66	1.842	81.6

b) LA LEVURE

On emploie de la levure pressée et de la levure de bière. Le meilleur examen est celui fait à l'aide du microscope, mais comme il y en a rarement dans les distilleries, on peut recourir aussi à un moyen plus simple pour se rendre compte de sa force.

On prend dans le vaisseau collecteur un gobelet de jus acidifié; on le pose dans un bain-marie de 35° et on y délaye toujours la même quantité (10 grammes) de la levure à examiner. On pourra se rendre vite compte de l'état de la levure après des observations répétées portant sur l'intervalle jusqu'au commencement de la fermentation et sur l'intensité de cette dernière.

c) LE JUS DE LA BETTERAVE

La concentration du jus est déterminée le mieux à l'aide du densimètre de Balling combiné avec un thermomètre et une échelle de correction. Comme le jus est déjà libre de toute substance solide, on peut le verser sans filtration préalable dans un cylindre en verre ou en fer-blanc pour en faire la détermination directe d'après la correction nécessaire. On doit prendre des jus de la même concentration pour autant que la teneur de la betterave en sucre le permet.

d) LES VINASSES

L'éprouvette, comme celle construite par B. Siemens et applicable à tout appareil distillatoire, ne devrait manquer dans aucune distillerie importante.

Comme les vinasses trouvent remploi dans les distilleries de betteraves pour la macération, leur concentration, qui peut s'élever jusqu'à 2. 5° Brix, devrait être déterminée et prise en considération; il faut déterminer surtout l'acidité qui, réduite en SO_3 (équivalent 40), peut aller jusqu'à 0.150-0.180, et faire cette opération journellement afin de pouvoir tenir compte de cette acidité lors de l'addition de l'acide sulfurique. Si on emploie à la macération un liquide où les vinasses entrent en majeure quantité ou exclusivement, la quantité d'acide sulfurique doit être diminuée de 170 grammes à 100 grammes pour avoir plus tard l'acidité exacte dans le jus de betterave. L'acidité des vinasses est déterminée de la même façon que celle des jus de betteraves.

e) DÉTERMINATION DE L'ACIDITÉ DU JUS DE BETTERAVE

L'importance de l'acidité au degré précis consiste en ce que la marche du travail en dépend.

Nous savons bien que l'acide sulfurique ajouté rend libres les acides organiques et neutres du jus de betterave et que sa réaction acide provient des acides organiques. Mais comme il s'agit d'un grand nombre d'acides différents, l'analyse la plus simple est celle de réduire la teneur en acides en un seul acide, l'acide sulfurique anhydre (SO_3—40); le chiffre trouvé indique alors une fois pour toutes les pour cent d'acide (SO_3) dans le jus analysé; il n'y a de bonne fermentation qu'à la condition que l'acidité ne dépasse pas 0.16-0.18. On se sert d'une solution normale de sodium. Afin que cette analyse ne soit pas faite d'une manière tout à fait mécanique, nous expliquerons ci-après brièvement ce qu'on entend par solution normale de sodium.

On désigne par solution normale une solution aqueuse contenant en un litre d'eau (ou 1,000 centimètres cubes) un poids équivalent en grammes de la substance en cause. Dans notre cas, la solution normale contient 31 grammes de sodium au litre; 10 centimètres cubes, par exemple, de cette solution qui contiennent 31 centigrammes de sodium neutraliseraient exactement 10 centimètres cubes d'un acide normal qui contiendrait par exemple 41 centigrammes de SO_3.

La raison en est que les solutions de l'espèce ont une valeur uniforme par rapport au poids des équivalents. On est donc à même de déterminer avec une solution normale de sodium l'acidité d'un autre liquide, donc aussi celle du jus de betterave acidifié.

La détermination de l'acidité se fait de la façon suivante. L'échantillon est pris sur le vaisseau collecteur, et au moyen d'une pipette on met 100 centimètres cubes dans une grande coupe en porcelaine ; on le délaye avec le même volume d'eau distillée et on y ajoute quelques gouttes de teinture de tournesol telle qu'on la trouve dans le commerce. D'une burette gravée à 1/10 centimètres cubes on laisse couler dans le liquide qu'on tourne constamment, des gouttes de la solution normale de sodium, après en avoir mesuré au préalable la hauteur dans la burette. On ajoute de la solution de sodium jusqu'à ce que la couleur rouge est passée au bleu. Lorsqu'on opère à la lumière d'une lampe, on est obligé de produire une lumière jaune en brûlant dans une lampe à esprit-de-vin une petite portion de sel de cuisine mouillé placé dans le nœud d'un fil de platine.

Sous cette lumière, le jus de betterave avec la teinture de tournesol est à peu près incolore, tandis qu'il apparaît noir après l'addition de la solution normale de sodium nécessaire pour neutraliser l'acide. Le changement de couleur accompli, on détermine d'après les indications de la burette la quantité de solution normale employée. Admettons qu'on ait employé 3 centimètres cubes; comme la solution est titrée de façon que 200 centimètres cubes de la solution normale de sodium correspondent à 4 S.O.3 (acide sulfurique anhydre) et qu'on a pris 100 cm³ de jus de betterave, on a à faire le simple calcul 100 : 4 :: 3 : x, c'est-à-dire l'acidité réduite en acide sulfurique anhydre es de 0.12 0/0 ; on n'a qu'à multiplier par 4 les centimètres cubes de solution de sodium et à diviser le produit par 100 pour connaître l'acidité du jus de betterave. Dans la pratique, on néglige le poids spécifique du jus de betterave, attendu que, pour plus de précision, il faudrait diviser par celui-ci les pour cent de l'acidité, ce qui ne donnerait qu'une différence minime eu égard à la faible densité du jus (environ 1.035).

Le tableau ci-après indique directement l'acidité en pour cent pour 100 centimètres cubes de jus acidifié, si on y cherche le chiffre correspondant au nombre de centimètres cubes de solution normale employée. Sont imprimés en gras les chiffres de l'acidité qui sont reconnus comme admissibles et corrects dans la dilatation de la betterave. Si on reste dans ces limites, on travaille sans encombre et on obtient une fermentation rapide, saine et parfaite.

La détermination de l'acidité des vinasses dont on prend également 10 centimètres cubes se fait de la même façon.

Cᵐ³ de solution normale de sodium employés	Acide réduit en S. O 3 p. c.	Cᵐ³ de solution normale de sodium employés	Acide réduit en S. O 3 p. c.
2.0	0.080	3.5	0.140
2.1	0.084	3.6	0.144
2.2	0.088	3.7	0.148
2.3	0.092	3.8	1.152
2.4	0.096	3.9	0.156
2.5	0.100	4.0	0.160
2.6	0.104	4.1	0.164
2.7	0.108	4.2	0.168
2.8	0.112	4.3	0.172
2.9	0.116	4.4	0.176
3.0	0.120	4.5	0.180
3.1	0.124	4.6	0.184
3.2	0.128	4.7	0.188
3.3	0.132	4.8	0.192
3.4	0.136	4.9	0.196

f) DÉTERMINATION DE LA TENEUR EN SUCRE

La matière première contient du sucre en quantités variables qui ne peuvent être déterminées exclusivement à l'aide de l'aréomètre, parce que le non-sucre y agit de la même façon que le sucre.

Les indications peuvent être égales pour deux jus, tandis que leur teneur en sucre peut être pour l'un de 10 : 2 et pour l'autre de 9 : 3 et les deux jus accusent 12° S. Il va de soi qu'une différence de 10 kilos de sucre sur 100 quintaux de betterave n'est pas indifférente, et la connaissance de la teneur en sucre est indispensable pour se rendre compte si on a réellement tiré profit du sucre qui y existe ou si on a éprouvé une perte de sucre par un lessivage imparfait (ce dont on ne peut se rendre compte par l'examen des pulpes), ou enfin si on n'a pas laissé une certaine quantité non fermentée se perdre par des fermentations accessoires. Bref, l'appréciation du travail, le calcul du rendement sont impossibles sans l'analyse de la matière première, et ce dans une petite distillerie comme dans une grande.

Les petites distilleries étant installées généralement dans des conditions précaires, elles reculeront devant l'acquisition dispendieuse d'un polarimètre. Heureusement, on peut s'en passer en se servant d'un nouvel instrument pratique inventé par Trannin et fabriqué par Dubosque à Paris.

Le polarimètre simplifié de Trannin a deux grands avantages ; son maniement est si simple et si sûr que tout surveillant est à même de s'en servir et il est comparativement bon marché. L'appareil complet ne coûte que 60 florins. Il fournit des indications assez précises, ainsi que l'auteur a pu s'en assurer à l'institut de physiologie des plantes de F. Knauer à Grobers où on s'en sert pour les déterminations rapides. Avec un peu d'exercice, on arrive à une précision de 0.1-0,2 0/0 dans la détermination du sucre dans la betterave.

Toutes les pièces optiques de cet instrument étant réduites au nombre de trois et celles-ci étant immobiles, il n'y a pas à y craindre de dérangement par une main inexpérimentée. Au surplus, toute lampe, même la simple lumière du jour, suffit pour la constatation.

La manière de faire fonctionner l'appareil est aussi ingénieuse que simple. En tournant le régulateur, on rapproche sur le champ visuel deux franges noires ; ce point est facile à reconnaître et on peut alors lire directement sur la graduation la teneur du jus en sucre.

Du moment où on a déterminé à l'aide de l'appareil Trannin, d'une façon pour ainsi dire mécanique, la quotité de sucre dans le jus, on a aussi la base pour les calculs ultérieurs.

Mais on ne doit pas perdre de vue qu'on connaît seulement la quotité du sucre dans le jus et qu'il reste à déterminer la teneur des betteraves en jus. Cette détermination conduirait trop loin et est plutôt du ressort d'un chimiste expérimenté. Il suffit amplement qu'à l'exemple des sucreries, nous prenions une moyenne ; dans la pratique on admet une teneur des betteraves en jus de 93 0/0. Si on trouve dans le jus des betteraves pressées, par exemple, 11.0 0/0 de sucre, la betterave même n'en contenait que 100 : 11 :: 93 : x, soit seulement 10.23 0/0.

Afin qu'on n'ait pas à refaire chaque fois le calcul, nous donnons ci-après un tableau indiquant la teneur de la betterave en sucre, correspondant à la teneur déterminée du jus en sucre.

En raison d'une teneur de jus de 93 0/0, les pour cent de sucre dans la betterave sont pour une teneur du jus en sucre :

De 8.0	De 7.44
8.2	7.63
8.4	7.81
8.6	8.00
8.8	8.18
9.0	8.37
9.2	8.55
9.4	8.74
9.6	8.92
9.8	9.11
10.0	9.30
10.2	9.49
10.4	9.67
10.6	9.86
10.8	10.04
11.0	10.23
11.2	10.41
11.4	10.60
11.6	10.79
11.8	10.97
12.0	11.16
12.2	11.35
12.4	11.53
12.6	11.72
12.8	11.90

A l'aide de ces chiffres et de ceux que nous avons trouvés

dans le calcul du rendement, on peut facilement se rendre compte du résultat du travail fait ainsi que d'un travail à faire.

Nous donnons ci-après trois exemples pratiques :

Premier exemple. — Le jus de betterave accuse 10.6 0/0 de sucre ; on travaille 350 quintaux métriques de betteraves ; combien d'alcool obtient-on par un travail moyen ?

Si le jus contient 10.6 0/0 de sucre, la betterave en contient, d'après le tableau ci-dessus, 9.86 p. c. D'après un travail antérieur, nous savons que le travail moyen ne donne que 86 0/0 du rendement théorique de 67.7 ; donc 1 kilog. de sucre donne 58.2 degrés d'alcool de 100 0/0.

$$100 : 86 :: 67.7 : x.$$

On travaille 350 quintaux métriques de betterave à 9.86 0/0 de sucre, soit au total 3,461 kilog., de sucre.

$$1 : 58.2 :: 3,461 : x.$$

Donc 350 quintaux métriques de betterave à 9.86 0/0 de sucre doivent donner 20.14 hectolitres d'alcool à 100 0/0.

Deuxième exemple. — On désire obtenir de 350 quintaux métriques de betteraves à 9.86 0/0 de sucre, plus que le rendement moyen, soit 90 0/0 au lieu des 86 0/0 du rendement théorique.

Avec 86 0/0 du rendement théorique de la quantité donnée de betteraves, on a eu un rendement de 20.14 hectolitres ; de combien est le rendement avec 90 0/0 ?

$$86 : 20.14 :: 9 : x$$
$$x = 21.07$$

ou le rendement théorique intégral est de 67.7 par kilogramme de sucre ; donc s'il faut 90 0/0 du rendement théorique, il faut

$$10 : 90 :: 67.7 : x$$
$$x = 60.9$$

ou que 3,461 kilog. de sucre donnent

$$1 : 60.9 :: 3461 : x$$

soit également 21,07 hectolitres d'alcool de 100 0/0.

Troisième exemple. — Une fabrique a obtenu 19 hectolitres d'alcool de 100 0/0 d'un travail de 350 quintaux métriques de betteraves à 9.86 0/0 de sucre ; comment a-t-elle travaillé ?

350 quintaux métriques de betteraves à 9.86 0/0 de sucre donnent 3,461 kilogrammes de sucre dont on a obtenu 19 hectolitres d'alcool.

$$3{,}461 : 19 :: 1 : x$$

on a donc 0.579 litres par kilog. de sucre.

D'après la théorie, le rendement plein est de 67.7 degrés; si un kilog. de sucre n'a donné que 54.9 degré, le chiffre de pureté était de

$$67.7 : 54.9 :: 100 : x$$

Le travail était donc médiocre.

A l'aide de ces chiffres, on peut exercer le contrôle le plus sévère dans tous les cas que présente et établit tout calcul.

Ci-après un petit tableau qui a son utilité.

QUANTITÉ D'ALCOOL EN HECTOLITRES A 100 0/0 OBTENUE DE 100 QUINTAUX MÉTRIQUES DE BETTERAVES

Teneur réelle en sucre dans la betterave	Pour cent du rendement théorique				
	86	88	98	92	100
8.0	4.66	4.77	4.87	4.98	5.41
8.5	4.95	5.06	5.18	5.29	5.75
9.0	5.24	5.36	5.48	5.60	6.09
9.5	5.53	5.66	5.79	5.91	6.43
10.0	5.82	5.96	6.09	6.22	6.77
10.5	6.11	6.26	6.39	6.54	7.11
11.0	6.40	6.55	6.69	6.85	7.45
11.5	6.69	6.84	7.00	7.15	7.79
12.0	6.98	7.14	7.31	7.45	8.12

En terminant, nous indiquons encore les annotations que tout distillateur doit faire journellement pour connaître toujours la marche du travail et son résultat, afin de savoir à tout instant où l'erreur a été commise et où il y a lieu de remédier; il doit être fidèle à la devise : « Le rendement maximum, tel est le but »; avec aucune matière on n'obtient plus promptement et plus sûrement la récompense du zèle déployé que précisément avec la betterave.

Les annotations dont il s'agit sont les suivantes : concentration du jus dans le vaisseau collecteur ; acidité du jus ; acidité des vinasses ; quantité de betteraves travaillées ; teneur moyenne des betteraves en sucre ; quantité de sucre livré à la distillerie à raison d'une teneur de 93 0/0 des betteraves en sucre ; quantité d'alcool obtenue ; litres (en 0/0) par kilogramme de sucre ; coefficient de pureté.

Celui qui ne s'en tient pas seulement à remplir consciencieusement ces colonnes, mais qui donne aussi une application raisonnée à ces chiffres, obtiendra toujours et sûrement un résultat rémunérateur.

CHAPITRE NEUVIÈME

UTILISATION DES RÉSIDUS

§ Ier. — Les pulpes et les vinasses.

La distillation de la betterave fournit deux résidus également utilisables par l'agriculture, ce sont les pulpes et la vinasse :

Les pulpes, qui sont excellents pour l'alimentation du bétail, et la vinasse qui, après avoir servi avantageusement pour le travail de la macération, est utilisée ensuite pour la fertilisation des terres.

Pour montrer la valeur des pulpes, nous n'avons que le choix des analyses; pour l'utilisation des vinasses comme engrais, nous reproduirons une communication très intéressante, faite par M. Hanicotte à l'Académie nationale, sur son mode d'emploi des vinasses.

LES PULPES

Pour fixer les idées de nos lecteurs sur la valeur alimentaire des pulpes de distillerie, nous citerons les résultats d'analyse de pulpes de la distillerie de **MM.** Blanjot et Beauchamps, à Soissons-Vauxrot, faites par **M.** Vivien, de Saint-Quentin, et qui montrent la valeur relative de ces pulpes et de celles de presses hydrauliques.

	PULPES	
	de presses continues de la distillerie de Vauxrot	de presses hydrauliques de sucrerie
Cent kilogrammes contiennent :		
Matières azotées protéiques nutritives.	1.0698	0.7125
Matières azotées alcaloïdales et minérales. . . .	0.1337	0.1250
Substances respiratoires et nutritives non azotées.	12.5574	9.9925
Substances indigestes (ligneux).	3.8845	7.0000
Silice et terre.	0.4200	0.5400
Matières minérales utiles à l'alimentation.	0.9200	1.3600
Matières grasses. . . . — . . . . ; . .	0.1146	0.1200
Eau.	80.9000	80.1500
	100.0000	100.0000
Acidité exprimée en litres de vinaigre du com-merce. { Acides fixes pʳ 0/0 k. pulpes.	4 litres 750	9 litres 040
Acides volatils dᵒ. . .	5 » 250	14 » 310

De ces analyses il résulte, dit M. Georges Dureau :

1º Que la récapitulation des matières nutritives, c'est-à-dire substances azotées protéiques, substances respiratoires, matières minérales et matières grasses, donne par 100 kilogrammes de résidu pour la pulpe de presses continues de la distillerie de Vauxrot . . . . 14 k. 6618
Pour la pulpe de presses hydrauliques de sucrerie. 12   1850

Différence en faveur de la pulpe de Vauxrot . . . . . .   2 k. 4768

Soit une plus-value de 20 0/0 sur l'ensemble des matières utiles à l'alimentation ;

2º Que les substances indigestes atteignent par 100 kilogrammes de résudu pour la pulpe de presses hydrauliques, 7 kil. 0000, soit 57 1/2 0/0 par rapport au poids des matières nutritives : pour la pulpe de Vauxrot, 3 kil. 8845, soit : 26 1/2 0/0 par rapport au poids des matières nutritives ;

4º Que l'acidité, exprimée en litres de vinaigre du commerce, donne par 100 kilogrammes de résidu :
Pour la pulpe de presses hydrauliques . . . . 23 l. 350
Pour la pulpe de Vauxrot . . . . 10 l.   »

A cet égard, voici ce que dit M. Vivien :

7

« L'acidité des pulpes joue un grand rôle, car les pulpes trop
» acides provoquent des maladies et retardent le développement
» et l'engraissement de l'animal. »

Comme les pulpes se mettent en silos, le travail de la distillerie est indépendant de celui de la ferme. Les pulpes sont emmagasinées dans des fosses creusées tout simplement dans la terre, et s'emploient au fur et à mesure des besoins de la ferme. Ces pulpes, ainsi conservées, se gardent des années et sont meilleures au bout de quelque temps, parce qu'elles se combinent dans les silos avec la menue paille qu'on y mélange. Dans les départements du nord de la France, on trouve auprès de chaque étable un silo de pulpe, où l'on puise la nourriture du bétail.

§ I. — LES IRRIGATIONS DE VINASSES

PROCÉDÉ DE M. LÉON HANICOTTE

Ingénieur distillateur, vice-président du comice agricole, professeur d'agriculture au collège de Béthune (Nord).

Les résidus de la distillation des betteraves, connus sous le nom de vinasses, contiennent, d'après l'analyse chimique, à l'hectolitre :

56 gr. d'azote, 128 gr. de potasse. 130 gr. d'acide phosphorique.

La moitié environ de ces diverses proportions est soluble dans l'eau ; l'autre moitié est insoluble ou retenue dans les combinaisons organiques insolubles.

La plupart des distilleries perdent entièrement la valeur fertilisante de ces résidus, en déversant les vinasses dans les cours d'eau, au détriment de toutes les lois d'économie, de la santé et de la fortune publiques.

La distillerie, produisant 1,200 hectol. de vinasse par jour, ce serait quotidiennement une perte de :

42 kilos d'azote ; 632 kilos de potasse ; 156 kilos d'acide phosphorique, soit pour les cent jours de fabrication de betteraves, une somme de quinze mille francs, au bas mot, sans compter les procès des comités d'hygiène et de salubrité.

Quelques distillateurs, fatigués de ces procès, profitent de la pente existant entre leurs distilleries et quelques hectares à proximité, pour y envoyer tous les engrais. Ces terres, fumées dans des proportions vingt fois trop considérables, peuvent produire du tabac pendant quelques années, mais finissent ensuite par être tellement saturées d'engrais, que le chou rouge lui-même ne veut plus y pousser. C'est une récupération de quelques milliers de francs sur les 15,000 auxquels on pourrait prétendre, mais c'est aussi la ruine irrémédiable, à bref délai, des terres arrosées d'une manière aussi copieuse.

Frappé des inconvénients de ces divers états de choses, nous avons étudié le moyen pratique de fumer méthodiquement toutes nos cultures, sans en épuiser la fertilité, par l'emploi de doses trop fortes d'engrais.

La moitié de notre culture étant agglomérée à la distance de 500 à 1,500 mètres de la distillerie, et l'autre moitié disséminée en une multitude d'endroits différents, nous pensâmes à utiliser la propriété qu'ont les engrais contenus dans les vinasses à moitié solubles et à moitié précipitables, pour fumer la partie agglomérée par des irrigations et la partie disséminée par les résidus solides ; de cette façon, toutes nos terres sont fumées d'une manière modérée et normale. Nous prenons une récolte de betteraves après la fumure et l'année suivante une récolte de blé, sans fumure ; de cette façon, nos terres sont fumées tous les deux ans.

Une grande partie des terres à irriguer étant à sous-sol d'argile blanche imperméable, nous fûmes d'abord obligé de drainer 26 hectares, pour écouler les eaux d'irrigation ; sinon ces terrains n'eussent plus été cultivables.

Ce drainage, fait dans chaque partie basse des rangs, coûta 250 fr. environ l'hectare, soit 6,500 fr. Nous achetâmes ensuite 1,500 mètres de tuyaux de fonte à emboîtement, de 3 mètres de long sur 8 cent. intérieur de diamètre, semblables aux tuyaux qui servent dans les villes aux canalisations d'eau et de gaz.

Après avoir relevé toutes les cotes de nivellement des terres à irriguer, nous plaçâmes, en passant par le centre de l'agglomération, 1,000 mètres de ces tuyaux, à 60 cent. environ de profondeur, en ayant soin de laisser, de place en place, des tubulures de prise d'eau.

Ces tubulures sont à brides percées de 4 trous de boulons, fermés par une plaque en fonte pleine. Pour prendre l'eau à une tubulure, on cherche sa place au moyen des repères, on creuse pour la dégager et, après avoir enlevé la plaque, on boulonne, au moyen d'un caoutchouc, un coude à bride d'un côté et à bout mâle d'emboîtement de l'autre. Le coude dépasse la surface du sol ; on y adapte alors des tuyaux portatifs pour conduire les eaux aux points culminants de la parcelle à irriguer. Les joints des tuyaux enterrés sont faits au moyen d'une tresse en étoupe et d'une coulée de plomb bien maté, comme dans les canalisations des villes. Les joints des tuyaux portatifs sont faits tout simplement avec une corde de 1 mètre de long enroulée autour du tuyau et dont les bouts dépassent. Quand un champ est fumé, on tire ces cordes, qui servent ailleurs, ainsi que les tuyaux. La partie de 1,000 mètres enterrée est donc la seule qui reste fixe ; les autres 500 mètres servent partout à l'épandage de l'eau, ce qui en restreint la quantité et conséquemment la dépense par rapport au nombre de parcelles arrosées.

L'installation de ces tuyaux en fonte a coûté 5,250 francs.

La vinasse claire contenant à l'hectolitre :

$$17 \quad \text{gr. d'azote ;}$$
$$380 \quad \text{gr. de potasse ;}$$
$$66 \quad \text{gr. d'acide phosphorique.}$$

La umure par hectare se compose donc de :

$$144 \quad \text{kilos d'azote ;}$$
$$3,200 \quad \text{kilos de potasse ;}$$
$$560 \quad \text{kilos d'acide phosphorique.}$$

De grandes quantités de potasse et d'acide phosphorique, qui sont extrêmement sclubles, passent dans les drainages. Pour compenser l'absence de pailles dans la fumure et cette perte d'une partie de l'acide phosphorique, nous employons en engrais complémentaires, 750 kilog. de superphosphate, soit 85 francs environ à l'hectare irrigué.

Pour décanter les vinasses, nous les faisons couler, sortant de la distillerie, dans deux fosses en maçonnerie de 35 mètres de long sur 8 mètres de largeur et 1^m,50 de profondeur, où en passant par décantation de l'une dans l'autre, elles se refroidissent et abandonnent les matières insolubles. Une pompe foulante, mue par une petite machine de la force d'un cheval, les refoule alors dans les tuyaux.

Aussitôt, après la fabrication, on enlève des fosses tout le résidu solide, au moyen de brouettes et on en fait d'immenses couches de fumier, avec la moitié de la paille produite par la culture et qui a servi à couvrir les tas de betteraves. Ces couches sont conservées tout l'été et ne sont conduites sur les champs qu'au mois de septembre ; de cette façon, la betterave obtenue, fumée avant l'hiver, est d'excellente qualité.

La dose employée à l'hectare est de 30,000 kilos environ, contenant :

170 kilog. d'azote ;

1,600   »   de potasse.

600   »   d'acide phosphorique.

Aucun engrais complémentaire n'est employé ; ce fumier, restituant au sol toutes les pailles qui en proviennent et les qualités d'azote, de potasse et d'acide phosphorique, étant en rapport avec les quantités enlevées par la betterave et le blé.

Avant l'emploi des vinasses au moyen de ce procédé rationnel, nous avions à l'engrais de vingt à trente bêtes à cornes, dont la différence entre les prix de vente et les prix d'achat et de nourriture, se chiffrait par une perte annuelle de 5,200 francs, représentant la valeur du fumier produit. Nous achetions, en outre, 9,200 francs d'engrais complémentaires.

Depuis l'emploi de notre méthode rationnelle d'irrigation, nous n'avons plus de bestiaux : nous cultivons toute notre culture de 63 hectares, avec huit chevaux. Nous vendons la moitié de nos pailles, dont le prix compense l'achat de superphosphate employé, dans les terres irriguées. La différence de frais sur l'ancienne culture est donc de 14,400 francs annuellement, sur 63 hectares de culture, tout en ayant d'aussi belles récoltes en blé et des betteraves de qualité aussi bonne, à cause de la décantation qui enlève à la vinasse la moitié de ses propriétés fertilisantes, au profit des terres qui ne peuvent être irriguées.

Ce bénéfice serait bien plus considérable, si nous pouvions trouver à cultiver assez de terres pour pouvoir employer l'assolement triennal, en faisant succéder, sans engrais, l'avoine au blé et en ne fumant que tous les trois ans.

Au moyen d'une dépense, *regagnée deux fois*, *dès la première année*, nous sommes parvenu à restituer au sol des engrais qui, jetés auparavant dans les fossés, étaient une cause d'insalubrité publique.

CHAPITRE DIXIÈME

LA DISTILLERIE DE BETTERAVES EN FRANCE
ET A L'ÉTRANGER

Nous croyons intéressant pour nos lecteurs de donner la description des distilleries de betteraves en France et à l'étranger; opérant, l'une par les presses, l'autre par la diffusion. Nous avons choisi pour cela des descriptions écrites par des hommes compétents, sachant faire ressortir les avantages financiers des installations et des perfectionnements adoptés; ainsi que les services qu'en retire l'agriculture.

§ I. — Une distillerie de betteraves dans le Nord.
Distillerie de de Steene [1].

A la distillerie de Steene, le travail de la betterave, qui porte sur 340,000 kilogrammes de racines environ par jour, se fait dans les conditions suivantes: L'usine est alimentée par ba-

---

[1] Une visite à la distillerie de Steene, par Georges Dureau, *Journal des Fabricants de sucre.*

teaux et par voitures, surtout par bateaux. Une dérivation du canal longe les bâtiments. Les betteraves sont amenées au pied d'un élévateur à hélice, puis lavées dans un laveur ordinaire avec épierreur, et tombent enfin dans une râpe à trois sabots. L'auge de la râpe est munie d'un mélangeur.

Une pompe à boulets y aspire le pressin et le refoule dans les presses continues Collette, de première pression, au nombre de cinq. Le jus qui s'échappe de ces presses est tamisé, au moyen d'un tamiseur rotatif horizontal, puis envoyé aux cuves à fermentation. La pulpe tombe dans une hélice placée sous les cinq presses, et est entraînée vers l'*appareil de séparation* des semelles et morceaux.

Cet appareil, qui est du système Dantu-Dambricourt et Barbion, se compose essentiellement d'un châssis formé d'une surface tamisante garnie d'un cadre en bois. Un mouvement de va-et-vient est donné à ce tamis. La surface étant munie de chicanes, la pulpe se trouve mise en mouvement, les morceaux et semelles se séparent de la masse et s'acheminent vers l'extrémité du châssis opposée à l'arrivée. Là, ils sont recueillis pour subir le traitement que nous indiquerons plus loin. Quant à la pulpe, débarrassée des morceaux et semelles, elle tombe en neige sous l'appareil et est dirigée, par une vis sans fin, dans un mélangeur horizontal, où elle est délayée et subit une macération de quinze minutes avec de l'eau chaude et une légère addition de vinasses.

Le tamisage de la pulpe en vue de la séparation des morceaux s'effectue sous un jet d'eau froide. A cette fin, l'appareil est surmonté d'un tuyau percé de trous, qui sert à arroser la masse et qui facilite la séparation des semelles ou morceaux et de la pulpe proprement dite. Cette séparation, que nous avons vue et examinée avec attention, se fait d'une manière parfaite, et c'est en présence de ce travail que l'on se rend réellement compte de la quantité de semelles qui reste dans la pulpe, même avec une râpe bien montée et des lames en bon état, comme c'est le cas à la distillerie de Steene.

La pulpe, macérée et malaxée dans le mélangeur, est reprise

par une pompe qui la refoule dans les presses de repression. Celles-ci sont au nombre de trois. Il y a une presse supplémentaire qui sert, suivant les besoins, en première ou en seconde pression. La pulpe repressée tombe dans une nochère à hélice, qui la transporte dans la cour, où les tombereaux des cultivateurs viennent se charger directement, sans aucune main-d'œuvre, en se plaçant simplement au-dessous de la nochère. Ces pulpes, qui ne contiennent plus ni morceaux, ni semelles, sont épuisées à 1.50 ou 1.60 0/0 de sucre en moyenne. On en produit environ 80,000 kilogrammes par jour. Les jus de repression sont additionnés d'acide sulfurique et tamisés, puis vont rejoindre les jus de première, pour se rendre aux cuves de fermentation. Une partie du petit jus est employée sur la râpe. Maintenant, quel est le traitement auquel on soumet les morceaux et semelles séparés de la pulpe tombant des presses de première pression?

Deux méthodes peuvent être suivies, suivant que l'on distille ou que l'on fait du sucre. En sucrerie, l'appareil Dantu-Dambricourt et Barbion est complété par un écraseur, formé de deux cylindres parallèles, animés d'un mouvement de rotation en sens inverse. Au fur et à mesure que les semelles et morceaux arrivent à l'extrémité du tamiseur, l'écraseur les reçoit, brise leur tissu, ouvre les cellules et rend ces morceaux aptes à subir une nouvelle pression avec le pressin de la râpe. Ils repassent ainsi aux presses continues et y abandonnent leur jus. De la sorte, la teneur saccharine des pulpes se trouve réduite de 0.50 à 0.60 par 100 kilogrammes.

En distillerie, on peut adopter le traitement appliqué à Steene. Les morceaux séparés par l'appareil sont introduits dans des cuves en bois fermées, de 6 hectolitres, munies d'un trou d'homme et d'un robinet de vidange. On verse de la vinasse bouillante, additionnée d'acide, dans ces cuves, et on laisse macérer les morceaux et semelles. On soutire le jus et on envoie ce liquide rejoindre le jus des presses. La cossette épuisée retourne aux presses de répression.

En présence des pertes énormes causées par les semelles et

morceaux et qui peuvent varier de 10 à 20 mille francs, pour une fabrication de 30 millions de kilogrammes de betteraves, suivant le soin apporté au râpage, le montage des râpes, l'état des lames, leur durée de service, etc., en présence de ces pertes, dont beaucoup de personnes ne soupçonnent pas l'importance, l'appareil séparateur de semelles et de morceaux nous semble être le complément indispensable de tout atelier d'extraction du jus bien organisé.

Le système Dantu-Dambricourt et Barbion peut se monter à peu de frais. L'emplacement exigé est insignifiant, l'appareil pouvant être suspendu sous le plancher des presses. Le fonctionnement en est régulier. Quant au résultat, il est frappant, et nous sommes persuadé que plus d'un fabricant restera étonné à la vue de la quantité de semelles et de morceaux éliminés dans un travail normal, comme celui de Steene. Cette quantité varie dans cette usine de 5 à 6,000 kilogrammes par jour. L'économie procurée par le séparateur est d'environ 100 francs par jour. Pour la distillerie de Steene, qui travaille 45 millions de kilogrammes de betteraves, on voit que l'économie atteint un chiffre respectable.

D'ailleurs, chacun peut se rendre compte de la valeur du procédé dans des conditions déterminées. Il suffit de tamiser sous un jet d'eau une certaine quantité de la pulpe que l'on produit, représentant un échantillon moyen, et de calculer la proportion de semelles et morceaux perdus journellement dans les pulpes. En comptant ces morceaux à 15 francs la tonne, on aura une idée exacte de la perte que l'on subit. L'expérience réserve une désagréable surprise à plus d'un fabricant.

L'usine de Steene, que nous avons visitée en détail, grâce à l'obligeance de M. Barbion, le chef de fabrication, est installée pour travailler les grains et la mélasse. L'atelier de fermentation renferme 5,000 hectolitres de cuves. Il y a deux appareils à distiller, produisant des flegmes limpides à à 45 ou 50 degrés, *4 rectificateurs Savalle* produisant par jour 160 hectolitres d'alcool fini, se vendant avec une forte prime. Les vinasses sont traitées par le procédé Gaillet et Huet; on obtient chaque jour de 12 à 15,000 ki-

logrammes de tourteaux riches en manières azotées. L'installation
générale a été faite dans de bonnes conditions, de façon à réduire la main-d'œuvre autant que possible. Ainsi, la râperie est
conduite par quatre gamins, pour un travail de 340,000 kilogrammes de betteraves par jour. La distillerie de Steene est ou-
tillée pour traiter 25,000 kilogrammes de mélasse par jour.

MM. Dantu-Dambricourt ont, à proximité de leur distillerie,
une ferme qui comprend environ 200 hectares et produit 3 millions de kilogrammes de bonnes betteraves, car, dans cette région, bien qu'on ait souvent affirmé le contraire, la culture in-
telligente, qui emploie de bonnes graines et des engrais conve-
nables peut obtenir des racines aussi riches et plus productives
en poids que celles de l'Allemagne.

§ II. — Une distillerie de betteraves en Moravie (1)

Dans beaucoup de contrées, les bas prix du sucre ont mis en
question la culture de la betterave, car les prix offerts aux producteurs pour les betteraves atteignent à peine le prix de revient.
L'agriculture ne peut pas se passer de la culture des plantes
bulbeuses et de celles à racine pivotante et notamment pas de la
culture de la betterave ; elle ne peut pas se passer pour son
étable des matières alimentaires en masse qu'elle trouvait auparavant à bon marché dans les déchets des sucreries.

D'un autre côté, par suite des conditions du sol ou du climat, la
betterave n'atteint pas dans beaucoup de contrées le degré de
richesse en sucre qui rendrait rémunératrice leur utilisation à la
fabrication du sucre, de sorte qu'elle devrait être utilisée à l'alimentation du bétail, ce qui est assez coûteux.

Nous constatons que, dans les dernières années, l'attention s'est
portée plus qu'auparavant sur l'emploi direct de la betterave en
distillerie et ce moins dans de grands établissements industriels
que dans les distilleries dites agricoles. Dans ces dernières, le

---

(1) Par le Docteur Léon Pribyl.

principal but poursuivi est la production de fourrages à bon marché, qui doit marcher, la main dans la main, avec la meilleure utilisation possible de la betterave.

Une visite à la distillerie de betteraves qui a été installée récemment à Kadolz et qui peut être considérée comme un modèle d'installations de ce genre, nous apprend que les deux buts peuvent parfaitement être atteints si on y apporte la prévoyance nécessaire et qu'on tire tout le profit possible des plus nouvelles expériences acquises en matière de distillerie.

Le comte Max-Eugène Hardegg a augmenté tous les ans sur sa propriété à Kadolz-Seefeld la culture de la betterave qui a aujourd'hui une superficie de 850-900 jochs. Grâce à ses efforts continus, il est parvenu à obtenir des récoltes très satisfaisantes de betteraves sucrières. Certaines parties de la propriété ne donnaient cependant pas une betterave assez riche en sucre et pour cette raison on envoyait cette partie de la récolte à la distillerie de betteraves de Pernhofen.

Les fluctuations des prix, le désir de produire à proximité de plus grandes quantités alimentaires pour le bétail et de pouvoir transformer la production en plus de betteraves, ont déterminé le comte Hardegg à établir une distillerie agricole à Kadolz.

Le grand bâtiment de l'ancienne sucrerie a pu être transformé sans grande peine ; les machines étaient placées au bout de peu de temps et au mois d'octobre de l'année dernière a pu commencer le travail de la distillerie qui a donné jusqu'à présent des résultats satisfaisants.

Du magasin à betteraves où elles sont amenées facilement par les chariots, elles passent dans le tambour à laver pour les débarrasser des pierres et de la terre. Une noria élève les betteraves lavées vers la machine à couper où elles sont réduites en fines cossettes de $0^m,005$ de largeur comme dans les sucreries, et d'où elles tombent dans des wagonnets destinés à les transporter dans les huit diffuseurs. Tout comme dans la sucrerie on remplit peu à peu la batterie de diffusion, mais on acidifie préalablement les cossettes en ajoutant par 100 litres d'eau 0^l3 à 0^l4 d'acide sulfurique.

Les diffuseurs ont des tuyaux de communication et le jus provenant de l'un d'eux est envoyé directement dans le diffuseur voisin. La masse est bouillie en partie avec des vinasses réchauffées, ce qui fait réaliser une économie d'acide, attendu que les vinasses contiennent encore de l'acide sulfurique.

Le jus est recueilli dans deux cuves collectrices et saccharifié à environ 8° S. avant d'être conduit dans les cuves de fermentation. L'observation de ce degré saccharimétrique est très importante pour la bonne marche de la fermentation.

Sous le régime de l'impôt actuel sur la contenance de la cuve-matière, cette distillerie agricole est déclarée à raison de 50 hectolitres. En conséquence, le jus de betteraves est versé dans huit cuves de la contenance de 625 hectolitres chacune et afin de provoquer une prompte fermentation, on ajoute chaque fois 3-4 kilogrammes de levure pressée, de sorte que la fermentation commence au bout de quelques heures.

Une chose principale c'est l'observation de la température de fermentation de 27-28. R, pour obtenir, selon la richesse en sucre, le maximum du rendement en alcool. Comme le moût est très liquide, il ne faut que peu de marge dans la cuve, l'acide carbonique pouvant s'échapper librement.

Après que la fermentation est terminée, le moût est pompé dans les deux cuves collectrices; la cuve de fermentation est remplie moitié de jus de betteraves et moitié de moût à demi fermenté et on ajoute alors la levure pour provoquer rapidement la fermentation. Selon la qualité de la betterave on remplit actuellement en vingt-quatre heures quarante à cinquante cuves de fermentation. La richesse en sucre des betteraves est déterminante pour ce nombre.

Des cuves collectrices le moût arrive dans la colonne distillatoire. Les vapeurs alcooliques traversent le serpentin pour arriver dans le bassin comme alcool brut.

Les flegmes et les vinasses sont contrôlés à leur sortie de l'appareil afin de reconnaître s'ils contiennent encore des traces d'alcool. Les appareils employés à Kadolz fonctionnent avec une correction telle que jusqu'à présent on n'a pas trouvé trace d'alcool dans ces produits secondaires.

La force motrice est fournie par une chaudière à vapeur maçonnée; actuellement on est occupé d'installer une chaudière de réserve. Le moteur est une locomobile ordinaire de la force de six chevaux qui dessert la batteuse en temps de récolte où la fabrique chôme.

Le rendement journalier de 140 à 170 quintaux métriques de betteraves travaillées varie, selon la richesse saccharine, entre 8 et 9 hectolitres d'alcool brut de 85° qui est transformé dans l'usine de rectification à Zuaim en alcool à 95°.

Dans toute fabrique d'alcool la qualité de l'eau joue un grand rôle; beaucoup d'insuccès avaient pour cause la composition chimique défectueuse de l'eau employée. La distillerie de Kadolz se trouvait, par rapport à l'eau, dans les plus mauvaises conditions possibles. Les puits qui existent donnent de l'eau en abondance mais de qualité non satisfaisante. Le degré de dureté de cette eau était d'après l'échelle connue de 80°. Cette dureté pouvait être réduite à 40° par voie de décantation, mais cette eau était encore impropre à l'usage de la distillerie. A cet inconvénient on a remédié par un moyen ingénieux. L'eau élevée par la pompe est traitée en partie avec du chlorure de fer, en partie avec de la soude dissoute et de la chaux. Dans ce dernier mélange on introduit la solution de chlorure de fer par gouttes et on ajoute ensuite de l'eau de puits naturelle. La solution étendue passe par un filtre formé d'une couche de laine de bois de près d'un mètre de hauteur, pour éliminer les matières étrangères précipitées. L'eau s'en écoule à l'état purifié et elle n'a plus qu'une dureté de 3-4°. Elle sert aux usages de la distillerie et à l'alimentation de la chaudière qui n'a plus d'incrustations depuis l'introduction de ce mode de procéder.

Il s'agit maintenant de savoir quel est le rendement pécuniaire de la distillation des betteraves. Donner une réponse détaillée avec chiffres à l'appui équivaudrait, à mon avis, à un abus de confiance, attendu que personne ne publie à la grosse cloche les résultats d'une entreprise industrielle. Toutefois le propriétaire, comte Max Eugène Hardegg, a gracieusement mis à ma disposition un calcul intéressant qui permet de jeter un coup d'œil dans l'économie de l'entreprise.

La betterave sucrière est cultivée depuis de longues années sur un ancien étang desséché. Les betteraves atteignent un volume assez considérable, mais leur richesse saccharine n'est en moyenne que de 8. 9 0/0. Dans la dernière campagne, la récolte de 36 jochs d'étendue a été travaillée dans la distillerie, à Kadolz. La récolte totale était de 6,557 quintaux métriques soit 182.13 q. m. par joch. Les frais de régie étaient par joch de fl. 46 48 soit pour le tout de fl. 1,673 20. Les frais du travail de cette quantité de betteraves étaient au total de fl. 2,929 8 ou de 44 67 kreuzer par quintal métrique. On a obtenu 36 084 litres d'alcool et 262,280 kilogrammes de cossettes. L'hectolitre d'alcool compté à 24 florins et le quintal métrique de cossettes à 25 kreuzer donnent une recette brute de fl. 9,315 86. Défalcation faite des frais de fl. 2,929 8, il reste comme produit de la récolte de betteraves fl. 6.386 78 ou 97 kr. 2 par quintal métrique.

Un joch d'étendue, cultivé de betteraves, donne, après déduction des frais de régie et des frais généraux de la distillerie, un produit net de fl.130,92, ce qui, dans les circonstances actuelles, est certainement un résultat encourageant.

Ce calcul du rendement est tellement éloquent, qu'on a à peine besoin de faire remarquer qu'une sorte de betterave, riche en sucre, peut donner un produit net de fl. 1 30 par quintal métrique. C'est un prix qui a été payé aux meilleurs jours des fabriques de sucre et la démonstration qu'en établissant de semblables distilleries de betteraves, il ne dépend que des producteurs d'obtenir un prix très rémunérateur pour leurs produits.

L'élevage du bétail qui est combiné avec toute exploitation agricole intensive garantit une bonne utilisation des déchets de betteraves qui, dans les années où il y a pénurie d'autres fourrages, sont pour ainsi dire, l'unique moyen de conserver l'étable au complet. Nous voyons, dans cet exemple, la cohésion étroite entre l'industrie et l'agriculture qui ne peuvent prospérer que pour autant qu'elles se complètent réciproquement.

CHAPITRE ONZIÈME

STATISTIQUE

des Distilleries de betteraves montées en France par la Maison Savalle.

NOMS DES INDUSTRIELS	DEMEURES	DÉPARTEMENTS	PRODUCTION JOURNALIÈRE EN ALCOOL		RENSEIGNEMENTS
			BRUT	RECTIFIÉ	
FRANCE					
Lustère	Créteil	Seine		5.000	
Bourdan	Remy	Oise		8.000	
3ᵉ appareil	—	—		4.000	
Boulanger	Salesches	Nord		2.500	
Abel-Bresson	Fougerolles	H.-Saône		3.000	
Auguste André	Brissay-Choigny	Aisne		2.000	
A. Beauvais	Tonnerre	Yonne		3.600	
Bolin	Brie-Comte-Robᵗ	Seine-et-Marne		8.000	
Le même, 2ᵉ appareil	—	—		3.600	
Bigo-Tilloy et fils	Lille	Nord		3.000	
Les mêmes, 2ᵉ appareil	—	—		3.600	
— 3ᵉ appareil	—	—		3.600	
— 4ᵉ appareil, colonne distillatoire pour les grains	—	—	9.000		
— 5ᵉ appareil, colonne distillatoire pour les betteraves	—	—	9.000		
Birault	L'Isle	D.-Sèvres		2.400	
J.-B. Blanjet et Beauchamps	Soissons	Aisne		5.000	
Les mêmes, 2ᵉ appareil	—	—		5.000	
Boillon et Blondeau (Abel-Bresson, successeur)	Dijon	Côte-d'Or		7.200	
A reporter...			18.000	69.500	

NOMS DES INDUSTRIELS	DEMEURES	DÉPARTEMENTS	PRODUCTION JOURNALIÈRE EN ALCOOL		RENSEIGNEMENTS
			BRUT	RECTIFIÉ	
Report......			18.000	69.500	
A. Bonzel..................	Haubourdin	Nord.....		3.000	
Le même, 2e appareil........	—	—		3.000	
— 3e appareil........	—	—	4.500		
Boileux et Cuvilliez-Lepland..	Filescamps.....	P.-de-Cal.	3.000		
Le même, 2e appareil	—	—		3.000	
Boileux et Cie	Wancourt......			4.000	
—			4.000		
Boyer frères	Aurioles........	B.-du-Rh.		3.080	
Les mêmes, 2e appareil......	—		3.000		
Braconnier..................	Chavagne	D.-Sèvres		2.500	
Le même, 2e appareil........	—	—		4.000	Rectificateur nouveau système
Brangier	Aux Étrées.....	D.-Sèvres		2.500	
Caille	Chaintereaux..	Seine-et-Marne		7.000	
E. Catry et H. Despretz......	Wambrechies...	Nord.....	4.500		
2e appareil rectificateur ..	—	—		4.500	
Charron	Forges.........	Charente-Infér.		3.000	
2e appareil	—	—	3.000		
Christmann, Shulinger et Schultz	Colmar	H.-Rhin.		1.000	
Chatriot-Wallet.............	Trémonviliies...	Oise.....		1.500	
Le même, 2e appareil, colonne distillatoire.............	—	—	6.500		
René-Collette	Aux Moëres français..........	Nord.....		12.000	
2e appareil, colonne en fonte rectangulaire	—	—	12.000		
3e appareil, rectificateur pour repasser les mauvais goûts.............	—	—		2.000	
Louis Collette	Allennes	Nord.....	8.000		
Le même, 2e appareil.......	—	—		8.000	
A. Collette..................	Seclin..........	Nord.....		5.000	
Le même, col. rectangulaire.	—	—	11.000	7.000	
A reporter...			67.500	143.580	

NOMS DES INDUSTRIELS	DEMEURES	DÉPARTEMENTS	PRODUCTION JOURNALIÈRE EN ALCOOL		RENSEIGNEMENTS
			BRUT	RECTIFIÉ	
	Report.......		67.500	145.580	
Cavalère et Raquin.........	Baupuits.......	Oise.....		2.500	
...-Dambricourt.........	Stenne........	Nord.....	1.000		
...ourron-Bouquet.........	Patourelle.....		3.000	4.000	
L. Decauville.........	P^t – Bourg, près Evry........	S.-et-Oise		8.000	
Félix Dehaynin.........	AuxCorbins,près Lagny.......	Seine-et-Marne		3.600	
Le même, 2e appareil, colonne distillatoire pour 80,000 kilogrammes de betteraves par jour.........	—	—	4.000		
...Denis et Cie.........	Saint-Denis....	Seine....		8.000	
...rand.........	Ivry-le-Temple..	Oise.....		2.500	
Le même, 2e appareil......	Bornel.........	—		2.500	
...rlez et Dréulers.........	Bourbourg.....	Nord.....	10.000		Sucriers distillateurs.
Les mêmes, 2e appareil......	—	—		8.500	
— 3e appareil......	—	—		8.500	
...Ernault.........	Denizy.........	S.-et-Oise		1.000	
Le même......	—	—	1.000		Appareil distillatoire transformé, produisant des flegmes à 95 degrés. Rectificateur nouveau système
...vrard et Cie.........	Rue.........	Somme..		5.000	
Cie de Filescamp.........	Filescamps.....	Nord.....	2.500	3.000	
...retin et Ghestem.........	Deulemont, près Quesnoy-sur-Deule.......	Nord.....		5.000	
Les mêmes, 2e appareil....	—	—		2.000	
— 3e appareil.....	—	—		3.000	
...ourmaux.........	Rumaucourt....	—		3.000	
...ournier, Levaux, Bailly et Léon Petit.........	Choconin, près Meaux......	Seine-et-Marne		3.600	
...evez et Cie.........	Pont-Maudit....	P.-d.-Cal.		6.500	
La Société de Ferrière-la-Grande	Près Maubeuge.	Nord.....		2.500	
	A reporter...		99.000	228.280	

NOMS DES INDUSTRIELS	DEMEURES	DÉPARTEMENTS	PRODUCTION JOURNALIÈRE EN ALCOOL		RENSEIGNEMENTS
			BRUT	RECTIFIÉ	
Report......			99.000	228.280	
Gomaux et Cie.............	Tournes.......	Ardennes		3.500	
Goblet fils et Cie...	Angoulême.....	Charente.		2.500	
Gruyelle.................	Flines	Nord.....	6.500	6.500	
Gruyelle	Orchies........	Nord.....		3.000	Sucriers-distillateurs.
Le même.................	—	—	6.000	6.000	
Guissez et Cousin..........	Persan.........	Oise.....		6.000	
Les mêmes, 2e appareil......	—	—	3.000	6.000	
Th. Contard...............	Courthézon.. ...	Vaucluse.		2.500	
Le même, 2e appareil.......	—	—		2.500	—
Hanicotte.................	Béthune........	P.-de-Cal.	4.500		
Le même, 2e appareil.......	—	—		4.500	
J. Hannon.................	Nœux..........	—	8.000		
Le même	—	—		8.000	
Houel	Avoise, près d'A-lençon.......	Orne.....		3.000	
Colonne distillatoire......	—	—	3.000		
Jongerick-Decanter.........	Vormhont......	Nord.....		1.000	
Journeil..................	Melun	Seine-et-Marne		2.400	
A. Kruger et Cie...........	Échiré, par Niort	D.-Sèvres		3.000	
2e appareil, colonne rectangulaire en fonte.......	—	—	3.000		
Lemarque.................	Juilles.........	Gers.....		500	
Lamblin..................	Marquettes, près Lille........	Nord.....		5.000	
Auguste Lanthiez......	Noreuil........	P.-de-Cal.		4.000	
2e appareil.............	—	—	4.000		
Leduc...................	Frocourt......	Oise.....	1.000		
Legrand..................	Sassy, par Joit.	Calvados.		1.500	
Le même, 2e appareil.......	—	—	1.500	1.500	
— 3e appareil.......	—	—		2.500	
A reporter...			139.500	302.180	

NOMS DES INDUSTRIELS	DEMEURES	DÉPARTEMENTS	PRODUCTION JOURNALIÈRE EN ALCOOL		RENSEIGNEMENTS
			BRUT	RECTIFIÉ	
Report......			139.500	302.180	
Legrand............	Paris	Seine....		2.500	
Le même, 2e appareil........	—	—		3.600	
— 3e appareil.......	—	—		9.000	
Le Coq................	Mans	Sarthe...		2.500	
Lefèbvre..............	Radinghem.....	Nord.....		5.000	
F. Lemaire	Bettignies......	—	1.000		
Le même, 2e appareil.......	—	—		1.000	
Lemaître	Baquepuis......	Eure.....		1.000	
Le même, 2e appareil.......	—	—	1.000		
Lejeune	La Brosse	Indre....		3.600	
Le même, colonne distillatoire	—	—	3.600		
Lepercq.............	Quesnoy-s-Deule	Nord.....		5.000	
Le même, 2e appareil......		—		5.000	
Lignières	Villeneuve-les-Chanoines.	Aude		1.000	
Le même, 2e appareil.......	—	—		2.500	
Lutin et Ducro.............	Erquenghem-sur-Lys...			3.000	
Magnant	Alfort..........	Seine....		5.000	
2e appareil.............	—	—		8.000	
G. Marchandise..............	Frégicourt......	Oise.....		3.000	
Le même, 2e appareil.......	—	—	3.600		
Marin-Darde................	Arthon.........	Indre....		3.000	
Le même, colonne distillatoire	—	—	3.600		
H. Menu et Cie.............	Carvin.........	Nord.....		4.000	
Michaux (Jules)...	Bonnières......	S.-et-Oise		3.600	Lauréat de la prime d'honneur du concours régional de Versailles en 1865.
Le même, 2e appareil.......	—	—		3.600	
— 3e appareil.......	—	—		3.600	
— 4e appareil.......	—	—		7.000	
Mignot et Cie.............	Saint-Mandé....	Seine....		3.600	
Millet-Pilloy..............	Clary..........	Nord.....		2.500	
Le même, colonne distillatoire	—	—	2.500		
A reporter...			154.800	393.780	

NOMS DES INDUSTRIELS	DEMEURES	DÉPARTEMENTS	PRODUCTION JOURNALIÈRE EN ALCOOL.		RENSEIGNEMENTS
			BRUT	RECTIFIÉ	
Report......			154.800	393.780	
Morlandet...............	Saint-Léger	Loire		1.000	
Le même................	—	—	1.000		
Mettavant................	Xiroux........	Vosges..		1.000	
Nitot fils et Racine..........	Meaux........	Seine-et-Marne		2.400	Distillateurs, liquoristes rectificateurs d'alcool
2º appareil..	—			3.600	
Normand.................	Vaulvraacourt..	P.-de-Cal.		2.500	
2ᵉ appareil, colonne rectangulaire en fonte....	—	—	2.500		
Ouvré....................	Souppes.......	Seine-et-Marne		3.600	Rectificateur nouveau système
Paquesoone, **Taffin** et Cⁱᵉ.....	La Gorgue......	Nord....:		8.000	
Les mêmes, 2ᵉ rectificateur..	—	—		3.000	
Alfred Pennelier...........	La Neuville-Roy.	Oise.....		3.600	
Colonne rectangulaire....	—	—	3.600		
Pluvinage-Dubois...........	Awoingt	Nord.....		2.000	
Arthur Pouillet......	Niort	D.-Sèvres		2.500	
Valentin.................	Croix-de-Berny..	Seine....		8.000	
Le même, 2ᵉ appareil.......	—	—		8.000	
Rivière.................	Pecqueux......	Seine-et-Marne		5.000	Distillerie de la Faisanderie
Rivière et Cⁱᵉ.............	Argenteuil	Seine		7.000	
Rommel frères	Lille..........	Nord.....		3.600	Négociants en 3/6 à Lille.
Les mêmes, 2 appareil......	—	—		5.000	
H. Sailland...............	Angers........	M.-et-Loire		1.500	
A. Savalle.........	Saint-Denis.....	Seine....		3.600	Ancienne usine de l'Inventeur
Le même, 2ᵉ appareil......	—	—		8.000	
Sénéchal et **Hanon**..........	Chocques......	P.-de-Cal.		6.500	Sucriers-distillateurs
Les mêmes, 2ᵉ appareil......	—	—		2.000	
Sénéchal-Ridez............	Lillers	—	10.000		
Les mêmes, 2º appareil......	—	—		8.000	
À reporter...			171.900	493.180	

NOMS DES INDUSTRIELS	DEMEURES	DÉPARTEMENTS	PRODUCTION JOURNALIÈRE EN ALCOOL		RENSEIGNEMENTS
			BRUT	RECTIFIÉ	
Report.......			471.900	493.180	
Baron Thénard.............	Talmay	Côte-d'Or.		500	
Triboulet...................	Assainvilliers...	Somme ..		3.300	Lauréat de la prime d'honneur.
1ᵉ appareil, colonne distillatoire rectangulaire en fonte.................		—	2.500		
Thiry frères...............	Nancy	Meurthe..		100	
Alfred Tramain.............	Lambres	P.-de-Cal.	6.500		
Le même..................	—	—		6.500	
Pariin.....................	Château-de-Cornus	Cher.....	—	3.000	
2ᵉ appareil, colonne en fonte		—	3.000		
Yauvillé...................	Toutifau, près d'Issoudun ...	Indre....	1.000		
Violot.....................	Aubigny........	Seine-et-Marne		3.600	
M. Venters..	Hallouin	Nord.....		4.000	
Georges Woussen...........	Armentières....	Nord.....		6.500	
2ᵉ appareil, colonne distillatoire.................	—	—	5.000		
TOTAUX....			489.900	520.680	*litres d'alcool de betteraves pouvant être produits par jour en France par les appareils* SAVALLE.

Distilleries de betteraves montées à l'étranger par la Maison Savall

NOMS DES INDUSTRIELS	DEMEURES	DÉPARTEMENTS	PRODUCTION JOURNALIÈRE EN ALCOOL		RENSEIGNEMENTS
			BRUT	RECTIFIÉ	
Report			189.900	520.680	
ALLEMAGNE					
A. Tachard	Niedermorsch-willer par Dornach	Hte-Alsace		2.000	
ANGLETERRE					
Robert-Campell	Château à Buscot-Parck	Borakskiro ...		10.000	Première distillerie de betteraves montée en Angleterre.
2° rectificateur	—	—		12.000	
3° id.	—	—		3.000	
Deux colonnes distillatoires	—	—	12.000		
AUTRICHE					
Camille de Laminet	Gattendorf	Silésie ...			
Le même, 2° appareil colonne distillatoire	—	—	1.500	1.500	
Latzel	Bardoff	—		4.000	
Le même, 2° appareil	—	—	4.000		
J. Latzel et Cie	Pawlowitz	Moravie..		2.500	
Les mêmes, 2° appareil	—	—	2.500		
Alexandre de Schœller et Carl Leindenfrost	Leva	Hongrie..		2.000	
Les mêmes, 2° appareil	—	—	2.000		
Les mêmes. **Pour une seconde usine**	Gêne	—		2.800	
4° appareil	—	—	2.800		
Karl Kammel et Cie	Grusbach	Moravie..		2.400	
Les mêmes, 2° appareil, colonne distillatoire	—	—	2.400		
Schulz et Pollak	Grusbach	Hongrie..		3.000	
Les mêmes, 2° appareil, colonne distillatoire	Falkas-Dovrany.	—	3.000		
Ed. Siegl et Cie	Szolcsan	—		2.500	
A reporter			220.100	568.380	

NOMS DES INDUSTRIELS	DEMEURES	DÉPARTEMENTS	PRODUCTION JOURNALIÈRE EN ALCOOL		RENSEIGNEMENTS
			BRUT	RECTIFIÉ	
Report.......			220.100	568.380	

BELGIQUE

NOMS DES INDUSTRIELS	DEMEURES	DÉPARTEMENTS	BRUT	RECTIFIÉ	RENSEIGNEMENTS
Auguste Dumont......	Chassart.......	Brabant..		3.600	
...nel Nérinckx frères.. ...	Tournai.......	Hainaut..		4.000	
Les mêmes, 2º appareil......	—	—	4.000		
Félix Wittouck.............	Leeuw-St-Pierre, p. Bruxelles..	Brabant..		4.500	
	—	—		3.600	
	—	—	4.000		

LUXEMBOURG

(GRAND DUCHÉ)

NOMS DES INDUSTRIELS	DEMEURES	DÉPARTEMENTS	BRUT	RECTIFIÉ	RENSEIGNEMENTS
La Société des distilleries du Grand-Duché .... 2º appareil, colonne distillatoire, rectangulaire en cuivre	Roodt..........			3.600	
	—		3.600		
Totaux......			231.700	587.650	*litres d'alcool de betteraves pouvant être fabriqués par jour par les appareils* SAVALLE.

CHAPITRE DOUZIÈME

CONCLUSIONS

La distillation de la betterave, qui a rencontré tant d'hostilités au début, a fini par s'imposer et à ses concurrents et à ses adversaires.

La sucrerie a vu de suite en elle un concurrent pour l'achat des betteraves, et les distillateurs de vins tentaient de faire prendre en horreur le trois-six de betteraves; on a même encore à lutter contre le préjugé qui s'attachait autrefois à cet alcool.

Après plus de trente années d'exploitation, cette industrie s'est imposée comme étant une des plus belles et des plus fertiles.

Autant que la fabrication du sucre, la distillation de la betterave a enrichi la région du Nord par le développement industriel et agricole qu'elle lui a donné.

Ce n'est pas seulement en France d'ailleurs que la betterave a été une source de richesse, mais dans tous les pays où elle a été cultivée et exploitée.

Voici ce que dit M. Richard Jahn sur la distillerie des betteraves en Bohême :

« C'est à la betterave que l'agriculture, en Bohême, doit le grand développement qu'elle a pris depuis 20 ans et l'augmentation de la production totale. Si elle négligeait aujourd'hui la culture de la betterave, elle diminuerait ses revenus.

» Depuis l'introduction de la culture de la betterave, la surface non cultivée a diminué; le rendement des céréales a doublé, bien que la surface consacrée à la culture des grains ait diminué; le nombre du bétail a augmenté et le sol s'est enrichi par suite de l'abondance de fumier.

» La culture de la betterave a occupé des milliers de bras et amené, dans les contrées agricoles, un bien-être inconnu jusqu'alors.

» Comme la betterave ne peut pas être remplacée avantageusement par une autre culture dans les exploitations agricoles où elle est introduite, l'intérêt de l'agriculture en Bohême demande non de réduire la surface des champs de betteraves, mais de trouver le moyen de tirer tout le profit possible de la betterave. A côté de l'industrie sucrière, c'est sur la distillerie que l'attention doit se porter et, en conséquence, il recommande la création des distilleries agricoles de betteraves. Il ne s'agit point d'établissements grandioses, comme le sont la plupart des sucreries, mais d'installations simples et peu coûteuses, proportionnées à l'importance des exploitations agricoles respectives.

» L'importance que la betterave avait jusqu'à présent dans l'agriculture, en Bohême, restera la même, si la betterave est livrée à la distillerie au lieu de la sucrerie. Les conséquences seront même plus avantageuses, car dans les distilleries on utilise non la betterave sucrière ordinaire, mais une espèce de betterave fourragère qui est moins riche en sucre que la première, mais donne un rendement plus élevé.

» La betterave pour la distillerie est cultivée à moins de frais que la betterave sucrière et, au point de vue agricole, elle pose moins d'exigences au sol; elle vient bien sur un sol de qualité inférieure et même sur les parcelles fraîchement fumées.

» En ce qui concerne l'utilisation de la betterave, les distilleries de betteraves purement agricoles, dont l'importance est proportionnée à celle de l'exploitation, ont pour but, principalement, de faciliter dans des conditions économiques l'alimentation et l'engraissement du bétail et la production d'un bon fumier à bon marché. Contrairement à ce qui existe pour la sucrerie, le produit industriel, l'alcool, y est le produit accessoire, tandis que les vinasses et les déchets sont le produit principal.

» Comme il est démontré qu'une distillerie agricole de betteraves proportionnée à l'importance de l'exploitation agricole soit d'un seul agriculteur, soit de plusieurs associés, peut répondre aux exigences de l'agriculture mieux que toute autre industrie en grand, cette question a une grande importance pour le pays et pour l'État. Mais il est indispensable que la distillerie de betteraves conserve le caractère agricole.

» Les distilleries agricoles de ce genre, qui doivent être considérées simplement comme établissements de production de matières alimentaires pour le bétail, ne demandent pas un grand capital de premier établissement et d'exploitation et elles subissent moins que les distilleries industrielles l'influence des conjonctures. Bien que le bénéfice retiré de la betterave soit moins élevé que celui qu'elle donnait par exemple dans les sucreries dans les bonnes années, il est cependant assuré et durable. »

L'installation des distilleries de betteraves est donc un véritable bienfait.

Quant à la qualité de l'alcool, elle ne laisse rien à désirer.

Les perfectionnements apportés aux appareils de rectification permettent de produire, avec les flegmes de betteraves, de l'alcool aussi fin qu'avec n'importe quelle matière première.

Après plus de trente années d'efforts, qui ont porté sur tous les points du travail, depuis la production de la graine et la culture de la betterave jusqu'à la rectification finale de l'alcool, on peut dire que l'agriculture et l'industrie françaises ont été dotées d'un merveilleux instrument de production qui leur permet de lutter comme prix et comme qualité avec les meilleurs produits de l'étranger, et ont rendu le pays indépendant pour la matière première aussi bien que pour l'alcool de première qualité.

PRIX DES APPAREILS DE DISTILLATION PAR LA VAPEUR
Système SAVALLE

NUMÉROS de DIMENSIONS	VOLUME DE LIQUIDE FERMENTÉ distillé par 24 heures.	PRIX DE BASE DES APPAREILS en cuivre rouge.	PRIX DE BASE DES COLONES en fonte de fer.
	LITRES	FR.	FR.
0	24.000	4.600	
1	30.000	6.000	5.400
2	40.000	7.300	6.100
3	50.000	8.800	7.000
4	60.000	10.300	8.000
5	70.000	11.700	8.900
6	80.000	13.200	9.800
7	90.000	14.500	10.500
8	100.000	16.000	11.500
9	110.000	17.500	12.500
10	120.000	19.000	13.500
11	160.000	25.400	17.300
12	200.000	31.200	22.000
13	250.000	38.200	25.500
14	360.000	53.000	37.400
15	450.000	66.000	46.500

OBSERVATIONS. — Aux prix ci-dessus, les appareils sont livrés sans tuyauterie, ni robinetterie. Celles-ci sont facturées à part et se montent à environ 9 0/0 du prix de l'appareil; l'emballage est d'environ 3 0/0.

Les appareils ci-dessus produisent de l'alcool brut de 45 à 60 degrés, ce qui est suffisant si l'on rectifie l'alcool sur place. Dans le cas où cette rectification n'a pas lieu, nous donnons à l'appareil une disposition spéciale qui lui fait produire de l'alcool brut de 90 à 93 degrés Tralles. Dans ce cas, le prix de l'appareil augmente de 40 0/0.

PRIX DES APPAREILS A FEU NU
Compris la tuyauterie

NUMÉROS de DIMENSIONS	VOLUME DE LIQUIDE FERMENTÉ distillé en 12 heures.	PRIX DE BASE DES APPAREILS A FEU NU en cuivre rouge.
	LITRES	FR.
00	2.500	3.200
000	1.500	2.500

BUREAU DES PUBLICATIONS

RELATIVES A LA DISTILLERIE ET A LA BRASSERIE.

Paris, 53, rue Vivienne.

OUVRAGES DE M. J.-PAUL ROUX

Directeur-propriétaire dès journaux la *Revue universelle de la Distillerie* et de la *Revue universelle de la Brasserie et de la Mallerie*, journaux techniques hebdomadaires; Membre du Comité d'admission et du Jury des Récompenses de l'Exposition universelle de 1889. Secrétaire des Congrès internationaux de brasserie de Paris en 1878 et de Bruxelles en 1880. Secrétaire-délégué de l'*Union générale des brasseurs* au Congrès de Munich en 1880 et de Berlin en 1884. Secrétaire du jury de l'Exposition internationale de brasserie de Versailles en 1881, de l'Exposition internationale de Paris en 1885. Secrétaire-rédacteur de l'Association de garantie, membre du Comité de patronage, et auteur du *Système de classification* de l'Exposition nationale de brasserie à Paris en 1887. Membre des Congrès internationaux pour l'étude de l'alcoolisme, etc.

DISTILLERIE

La Fabrication de l'alcool. Beau volume in-8° illustré.   fr.   c.

Parties parues :

§ I. — *La Rectification.* Broch. de 65 pages et 15 gravures . .   3   »

§ II. — *Production du rhum.* Broch. de 50 pages et 9 gravures.   3   »

§ III. — *Distillation des grains et la Fabrication de la levure pressée.* Broch. de 140 pages et 15 gravures   3   »

§ IV. { *Distillation du cidre.* Broch. de 30 pages et 4 gravures.   1   50

{ *Distillation du vin.* Broch. de 36 pages et 6 gravures. .   1   50

§ V. — *Distillation de la betterave*   3   »

Pour paraître prochainement :

§ VI. — *Distillation de la mélasse.*

§ VII. — *Distillation du topinambour.*

Le Monopole de l'alcool *(Journal des Économistes)* . . .   »   »

La Distillerie à l'Exposition d'Anvers en 1885. Une brochure in-8° . . . .   »   »

REVUE UNIVERSELLE DE LA DISTILLERIE, journal hebdomadaire, le plus grand et le plus important journal de la spécialité dans le monde entier. Abonnement, par an   15   »

MALTERIE ET BRASSERIE

Quelques mots sur la bière, dédiés aux familles et aux consommateurs. Une brochure in-8°. 1887. Prix   1   » fr. c.

Exposition de brasserie de Munich en 1880. Une brochure in-8°. Prix   1   »

La Brasserie à l'Exposition d'Anvers en 1885. Une brochure in-8°. épuisé.

Mémoire sur la Société anonyme des brasseries françaises, 1879.
Grand in-4°. Rare. Prix 5   »

Les Écoles de brasserie. Rapport au Congrès international des
brasseurs à Paris en 1878 . . . . épuisé.

**REVUE UNIVERSELLE DE LA BRASSERIE ET DE LA MAL-
TERIE,** journal hebdomadaire. Abonnement, par an. Prix . . 15   »
Très utile aux distillateurs de grains ; nouvelles méthodes de
maltage, etc.

Au *Bureau des publications,* 53, rue Vivienne, à Paris, on peut se procurer tous les ouvrages relatifs à la *Distillerie,* à la *Malterie* et à la *Brasserie.*

TABLE DES GRAVURES

TABLE DES MATIÈRES

PARIS. — IMPRIMERIE CHAIX, RUE BERGÈRE, 20. — 8691-4-9.

PRIX

APPAREILS DE DISTILLATION

Système NAVALLE

	PRIX DE BASE des appareils en cuivre rouge	PRIX DE BASE des colonnes en fonte de fer
	fr.	fr.
[illegible]	[illegible]	7.200
[illegible]	10.500	8.300
[illegible]	11.100	9.400
[illegible]	12.800	10.500
[illegible]	15.500	11.600
[illegible]	17.250	12.700
100.000	19.000	13.800
120.000	20.700	14.900
[illegible]	22.425	16.000
160.000	29.900	20.400
200.000	36.800	25.900
250.000	45.000	30.300
300.000	62.400	44.000
450.000	78.000	55.000

OBSERVATIONS. — Aux prix ci-dessus, les appareils sont [sans tuyauterie], ni robinetterie. Celles-ci sont facturées à part et se [montent à] environ 9 0/0 du prix de l'appareil ; l'emballage est d'en-[viron …].

[Les] appareils ci-dessus produisent de l'alcool brut de 45 à 60 [degrés] ce qui est suffisant si l'on rectifie l'alcool sur place. Dans le [cas où cette] rectification n'a pas lieu, nous donnons à l'appareil une [disposition] spéciale qui lui fait produire de l'alcool brut de 90 à 95 [degrés] Tralles. Dans ce cas, le prix de l'appareil augmente de 40 0/0.

[Les] conditions de vente sont : un tiers à la commande, et le solde à la [livraison] à Corbehem. Cette livraison peut se faire dans un délai de […] jours.